少年儿童成长百科 WUQI DAQUAN

武器大全

张 哲◎编著

中国出版集团 现代出版社

图书在版编目（CIP）数据

武器大全 / 张哲编著. —北京：现代出版社，2013.1
（少年儿童成长百科）
ISBN 978-7-5143-1087-0

Ⅰ. ①武… Ⅱ. ①张… Ⅲ. ①武器—少儿读物 Ⅳ. ①
E92-49

中国版本图书馆 CIP 数据核字（2012）第 293059 号

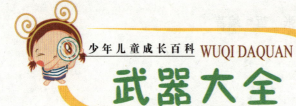

少年儿童成长百科　WUQI DAQUAN
武器大全

作　者	张　哲
责任编辑	袁　涛
出版发行	现代出版社
地　址	北京市安定门外安华里 504 号
邮政编码	100011
电　话	(010) 64267325
传　真	(010) 64245264
电子邮箱	xiandai@cnpitc.com.cn
网　址	www.modernpress.com.cn
印　刷	汇昌印刷（天津）有限公司
开　本	700×1000　1/16
印　张	10
版　次	2013 年 1 月第 1 版　2021 年 3 月第 3 次印刷
书　号	ISBN 978-7-5143-1087-0
定　价	29.80 元

前言
QIANYAN

　　从懂事的那天起，孩子们的脑子里就产生了许多疑问与好奇。宇宙有多大？地球是从哪里来的？人是怎么来到这个世界上的？船为什么能在水上行走？海洋里的动物是什么样的？还有没有活着的恐龙？动物们是怎样生活的？植物又怎么吃饭？

　　只靠课本上的知识，已经远远不能满足孩子们对大千世界的好奇心。现在，我们将这套"少年儿童成长百科"丛书奉献给大家，包括《宇宙奇观》《地球家园》《人体趣谈》《交通工具》《海洋精灵》《恐龙家族》《动物乐园》《植物天地》《科学万象》《武器大全》十本。本丛书以殷实有趣的知识和生动活泼的语言，解答了孩子们在日常生活中的种种疑问，引导读者在轻松愉快的阅读中渐渐步入浩瀚的知识海洋。

目录
MULU

冷兵器

冷兵器指用于砍杀、撞击、刺杀的不带爆炸或燃烧物质的武器，如刀、剑、棍等。在人类历史的发展过程中，冷兵器主宰战场的时间要远远大于热兵器。

分类

冷兵器按作战用途可分为步战兵器、车战兵器、骑战兵器、水战兵器和攻守城器械等；按结构形制可分为短兵器、长兵器、抛射兵器、护体装具、器械、兵车、战船等。

← 刀

小档案

罗马帝国有一种行刑用的刀，犯人往往在行刑前就被它给吓死了。

性能

冷兵器的性能，基本都是以近战杀伤为主。在冷兵器时代，兵器只有量的提高，没有质的突变。火器时代开始后，冷兵器已不是作战的主要兵器，但由于它的特殊作用以及在各国、各地区的发展进程不同，冷兵器一直沿用至今。

← 钉头棒

十八般兵器

在 冷兵器的发展过程中，我国的兵器种类最多，民间广为流传的有十八般武器，它们是刀、枪、剑、戟、棍、棒、槊、镋、斧、钺、铲、耙、鞭、锏、锤、叉、戈、矛。

 枪

这里的枪并不是装有火药的武器，而是一种刺击兵器，形状与矛相似，比矛轻便而且锋利。从唐朝到宋朝，枪成为军中的主要兵器，唐代的枪分为漆枪、木枪、自杆枪和棒扑枪四种，宋代的枪有几十种。

↑枪

小档案

刀是武术中最常用的器械，是十八般兵器之首。刀与剑的区别是：刀是单刃，剑是双刃。

↑刀

↑剑

戈

戈是一种可钩、可斫，装有长柄的兵器。最早的戈是将兽角绑在木杆上。戈适用于战车，是从殷周到春秋时代的主要兵器之一。

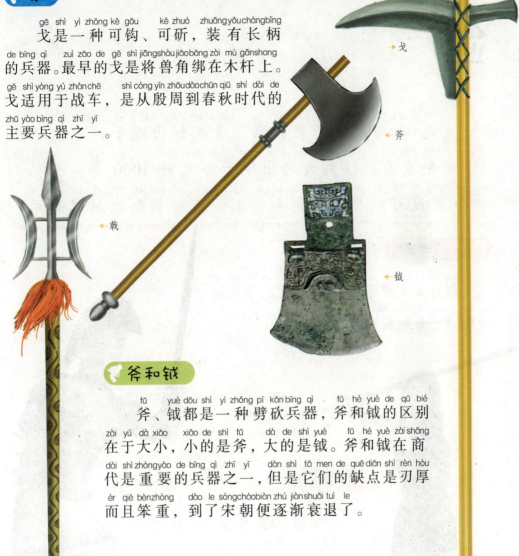

← 戈

← 斧

← 钺

← 戟

斧和钺

斧、钺都是一种劈砍兵器，斧和钺的区别在于大小，小的是斧，大的是钺。斧和钺在商代是重要的兵器之一，但是它们的缺点是刃厚而且笨重，到了宋朝便逐渐衰退了。

戟

戟是一种可钩、可斫、可割、可刺的兵器，杀伤力非常强，是战国到汉朝的主要兵器之一。

剑

shì shuāng rèn cì shā de duǎnbīng qì   qīng tóng jiàn chū xiàn yú gōngyuánqián

剑 是双刃刺杀的短兵器。青铜剑出现于公元前2000

nián zuǒ yòu   tiě jiàn dà yuē chū xiàn yú gōngyuánqián   nián   jiàn yī xíng

年左右，铁剑大约出现于公元前 1000 年。剑依形

zhì hé cháng dù kě yǐ fēn wéi cì jiàn hé pī jiàn   yǒu xiē jiàn zé néng cì pī liǎngyòng

制和长度可以分为刺剑和劈剑，有些剑则能刺劈两用。

🗨 剑的要素

jiàn yǒu   gè yào sù   yī shì cháng dù   èr shì líng

剑有3个要素：一是长度，二是灵

huó xìng   sān shì jié gòuqiáng dù

活性，三是结构强度。

◀ 如今，剑经常
作为一种道具出现
在舞台表演中。

🗨 长劈剑

→ 持剑的士兵

gōngyuánqián   nián zuǒ yòu   ōu

公元前 1000 年左右，欧

zhōu hé yà zhōu chū xiàn le cháng pī jiàn   hòu

洲和亚洲出现了长劈剑。后

lái jiàn de xíng shì zhú jiàn wánshàn   chú le

来，剑的形式逐渐完善，除了

zài shí zhànzhōngyòng yú fángshēn hé gé dòu wài

在实战中用于防身和格斗外，

yě chéng wéi guì zú men xǐ huan pèi dài de yì

也成为贵族们喜欢佩带的一

zhǒngbīng qì

种兵器。

青铜剑

qīngtóng zhù jiàn chū xiàn yú shāng dài zhōng qī　　zuì chū shì qū bǐng
青铜铸剑出现于商代中期，最初是曲柄

duǎn jiàn　　shāng dài wǎn qī yǎn biànchéng zhí bǐngduǎn jiàn　　xíngzhuàng yě yǒu hěn
短剑，商代晚期演变成直柄短剑，形状也有很

duō biàn huà　　jì qīngtóng jiàn zhī hòu chū xiàn le tiě jiàn　　zài guò dù qī jiān hái chū xiàn
多变化。继青铜剑之后出现了铁剑，在过渡期间还出现

le tóngbǐng tiě rèn jiàn　　zhù tiě liàngāng de　jì shù zài bú duàn fā zhǎn
了铜柄铁刃剑，铸铁炼钢的技术在不断发展。

▲ 青铜剑

越王剑

zài wǒ guó chū tǔ de yuè wáng gōu jiàn
在我国出土的越王勾践

jiàn suī rán shēnmái zài dì xià　　　　nián
剑虽然深埋在地下 2 500 年，

dàn chū tǔ shí réng rán hán qì bī rén　　fēng
但出土时仍然寒气逼人、锋

lì yì cháng　kě yǐ huá pò shí jǐ céng zhǐ
利异常，可以划破十几层纸。

▲ 越王剑

小档案

尽管东西方文化不
同，但是剑文化的含义
却有着许多共同之处。

▲ 骑士与剑

弓和弩

弓和弩是古代的远程射杀武器，后来，弓箭逐渐成为贵族们狩猎的工具。弓和弩是古代军队使用的重要武器之一。

"弦木为弧"

我国早在2.8万多年前的原始社会就已发明使用弓箭。原始的弓比较粗糙，弓身是用树枝或竹材弯曲而成，即"弦木为弧"的单体弓，用削尖头部的木棒当箭，利用细绳的弹力将箭射出。

→弓箭手

→弓箭的原理
和弹弓一样

箭

与弓、弩配套使用的箭随着弓、弩的演变而变化。最早的箭只是一根被削尖了的树枝或竹子，后来人们将尖的石块或骨、贝作为箭镞，安在箭杆的头部。

→石质箭头

↑箭

弩

弩

nǔ yě shì gǔ dài de yì zhǒng shè jiàn de gōng
弩也是古代的一种射箭的工

jù   tā yǔ gōng zuì dà de bù tóng shì bù xū yào
具，它与弓最大的不同是不需要

biān miáo zhǔn biān lā gōng   yīn cǐ yǒu gèng dà de shā
边瞄准边拉弓，因此有更大的杀

shāng lì
伤力。

小档案

从北宋初期开始，
弓箭与火结合使用，在
箭头上点火射击，成为
火箭。

现在，射箭已成为竞
技体育中的一项比赛。

万弩齐发

gōng yuán qián   nián   qí guó hé wèi guó zài mǎ líng jiāo
公元前 343 年，齐国和魏国在马陵交

zhàn   qí guó jūn shī sūn bìn zài mǎ líng dào liǎng cè mái fú le yí
战。齐国军师孙膑在马陵道两侧埋伏了一

wàn duō míng nǔ shǒu   dāng wèi jūn jīng guò shí   wàn nǔ qí fā
万多名弩手，当魏军经过时，万弩齐发，

dǎ bài le wèi jūn
打败了魏军。

矛与盾

矛和盾是古时带兵打仗的兵器。矛是一种长枪，类似箭，却又比箭硬得多、长得多；盾是一种铁器，用以抵挡锋利武器的进攻。

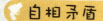

▲ 矛

自相矛盾

楚国有个人到市场上去卖矛和盾。他举起盾说："我的盾是世界上最坚固的，什么东西也不能刺穿它！"接着，他又拿起一支矛说："我的矛是世界上最尖利的，什么东西都会被它刺穿！"这时，一个看客问道："如果用这矛去戳这盾，会怎样呢？"这人听后，赶紧溜走了。

↑ 自相矛盾

刺杀工具

矛出现于旧石器时代，最初的矛是削尖了的棍棒，后来才在矛杆上装上了矛头。

兴盛时期

máo shǐ yòng zuì guǎng fàn de shí qī shì
矛使用最广泛的时期是
zài tiě qì shí dài   zài gǔ luó mǎ   máo shì
在铁器时代。在古罗马，矛是
tú bù jūn rén hé chéng qí jūn rén de yì zhǒng
徒步军人和乘骑军人的一种
tōng yòng wǔ qì
通用武器。

小档案

中国晋代以后的矛被称为枪，枪与以前的矛差别在于枪尖头更短、更尖、更轻便。

手持矛和盾
的古罗马士兵

盾的构造

dùn bāo yǒu yì céng huò zhě shù céng pí
盾包有一层或者数层皮
gé kě yǐ fáng zhǐ jiàn máo hé jiàn de shāng
革，可以防止箭、矛和剑的伤
hài   bèi hòu yǒu wò chí de bǎ shou tōng
害；背后有握持的把手，通
cháng yǔ dāo   jiàn děng bīng qì pèi hé shǐ yòng
常与刀、剑等兵器配合使用。

盾

防卫兵器

zài gǔ dài dōng fāng   gǔ xī là hé gǔ luó mǎ   dùn zuò
在古代东方、古希腊和古罗马，盾作
wéi yì zhǒng fáng wèi bīng qì bèi guǎng fàn shǐ yòng   zǎo qī de dùn
为一种防卫兵器被广泛使用。早期的盾
yòng mù zhú pí gé zhì chéng hòu lái yòng tóng tiě zhì chéng
用木、竹、皮革制成，后来用铜、铁制成。

9

投石机

投石机是古代的一种攻城武器，它利用杠杆原理，用较小的力量把物体投进敌方的城墙和城内，造成破坏。

投石机

叙拉古战役

公元前215年，罗马将领马塞拉斯率领大军来到叙拉古城下，以为小小的叙拉古城会不攻自破。然而，迎接罗马军队的是一阵密集的镖箭和石头，罗马人被打得丧魂落魄，争相逃命。这场战役的英雄就是叙拉古人使用的投石机。

小档案

阿基米德曾用杠杆原理设计出了投石机。

中国的投石机

投石机在中国的使用最为广泛，元朝曾经专门设计了"炮军"，攻城时，数百乃至数千架投石机同时攻击，漫天石雨将城头守军全部压在城楼下。

▲ 古老的投石机

战场威力

投石机的密集射击能够对城墙产生很大的破坏力。另外，投石机可以投掷一个或者多个物体，可以是巨石、火药，甚至毒药。

◀ 投石机是重要的攻城器械之一。

11

火药

火药是中国人对世界的巨大贡献之一，也是中国古代四大发明之一，对人类的进程和世界的发展做出了不可磨灭的贡献。

早期的火药

据史书记载，我国在一千多年前就已经发明了火药。三国时期就有人用硝石、硫磺和木炭配制成褐色火药，做成爆竹取乐，以后又做成火攻武器。公元11世纪时，人们已用火药制成炮，供作战使用。

中国古代火箭

小档案

火药是中国古代炼丹家在炼丹过程中发明的，它在化学史上占有重要的地位。

黑火药

人类最早使用的火药是黑火药，一般认为黑火药被发明于9世纪的唐代，是现代火药武器的始祖。现在的黑火药一般只用于烟花和仿古武器。

早期欧洲战场上的火箭

无烟火药

无烟火药燃烧后没有残渣，不产生烟雾或只产生少量烟雾。无烟火药的诞生为弹药的开发铺平了道路。马克沁重机枪也是因为使用了无烟火药才具有实用价值。

今天的火药能爆发出巨大的能量。

早期手枪

qiāng shì yì zhǒng kě yǐ gōng dān rén shǐ yòng de jūn shì wǔ qì　qí zuì zǎo de
枪是一种可以供单人使用的军事武器，其最早的

chú xíng dàn shēng yú gōng yuán　shì jì chū huò zhě gèng zǎo de shí hou　zhōng guó
雏形诞生于公元14世纪初或者更早的时候。中国

dāng shí chū xiàn le yì zhǒng xiǎo xíng de tóng zhì huǒ chòng　shǒu chòng zhè kě yǐ kàn zuò
当时出现了一种小型的铜制火铳——手铳，这可以看做

shì shǒu qiāng de zuì zǎo qǐ yuán
是手枪的最早起源。

枪支鼻祖

huǒ mén qiāng shì huǒ yào chuán rù ōu zhōu hòu de chǎn wù　kān chēng qiāng zhī de bí zǔ
火门枪是火药传入欧洲后的产物，堪称枪支的鼻祖。

tā de jié gòu hěn jiǎn dān　fā shè fāng shì lèi sì yú jīn tiān de bào zhú　huǒ mén qiāng zài
它的结构很简单，发射方式类似于今天的爆竹。火门枪在

fā shè shí xū yào liǎng míng fā shè shǒu gòng tóng xié zuò cái néng wán chéng　qí zhōng yì míng fù
发射时需要两名发射手共同协作才能完成，其中一名负

zé miáo zhǔn　yì míng fù zé diǎn huǒ
责瞄准，一名负责点火。

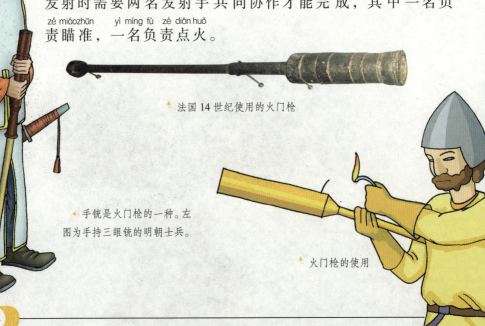

▲ 法国14世纪使用的火门枪

◀ 手铳是火门枪的一种。左
图为手持三眼铳的明朝士兵。

▲ 火门枪的使用

燧发式手枪

gōngyuán shì jì shǒuqiāng yóu diǎn huǒqiāng gǎi
公元 15 世纪，手枪由点火枪改

jìn wéi huǒshéng qiāng shí xiàn le zhēnzhèng de dān shǒu shè
进为火绳枪，实现了真正的单手射

jī dào le shì jì de shí hou suì fā shì shǒuqiāng
击。到了 17 世纪的时候，燧发式手枪

qǔ dài le huǒshéng qiāng chéng wéi shǒuqiāng fā zhǎn shǐ shang
取代了火绳枪，成为手枪发展史上

de yí gè zhòngyào lǐ chéng bēi
的一个重要里程碑。

最初的燧发枪只作为骑士的备用武器。

火绳枪

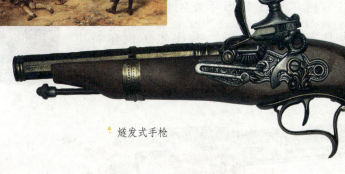

燧发式手枪

小档案

人们通常所说的现代手枪，只包括击发手枪、左轮手枪和自动手枪。

大显神威

suì fā shì shǒuqiāng shì yóu fǎ guó rén yán zhì de qián hòu
燧发式手枪是由法国人研制的，前后

lì jīng nián shí jiān tā shì zhuàng jī suì shí chǎnshēng huǒ huā
历经 10 年时间，它是撞击燧石产生火花、

yǐn rán huǒ yào ér wánchéng fā shè de zài nián dào
引燃火药而完成发射的。在 1775 年到 1783

nián de měi guó dú lì zhànzhēng zhōng suì fā shì shǒuqiāng shēnshòu
年的美国独立战争中，燧发式手枪深受

guānbīng xǐ ài
官兵喜爱。

左轮手枪

左轮手枪也叫转轮手枪，它是多个弹膛依次转动的单发手枪，一般装有5～6发子弹。它之所以叫左轮手枪，是因为在射击时，它的转轮是向左旋转的。

左轮之父

世界上第一支具有实用价值的左轮手枪，是由美国发明家塞缪尔·柯尔特在1835年发明的。柯尔特枪族在国际兵器界具有很大的影响，塞缪尔·柯尔特也被公认为是现代左轮手枪的创始人。

↑ 柯尔特

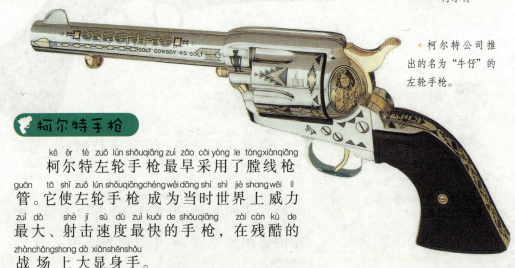

◀ 柯尔特公司推出的名为"牛仔"的左轮手枪。

柯尔特手枪

柯尔特左轮手枪最早采用了膛线枪管。它使左轮手枪成为当时世界上威力最大、射击速度最快的手枪，在残酷的战场上大显身手。

膛线

tángxiàn shì qiānɡɡuǎn li luóxuánxínɡ de
膛线是枪管里螺旋形的

tónɡ xīn yuán méi yǒu tánɡxiàn de shí hou zǐ
同心圆。没有膛线的时候，子

dàn zài qiānɡɡuǎn li fēi de xiànɡ ɡè zuì hàn ér
弹在枪管里飞得像个醉汉，而

tánɡxiàn kě yǐ shǐ zǐ dàn fā shēnɡɡāo sù xuánzhuǎn zhè
膛线可以使子弹发生高速旋转，这

yànɡ zǐ dàn de fēi xínɡ jiù ɡènɡ jiā wěndìnɡ sù dù yě jiù ɡènɡ
样，子弹的飞行就更加稳定，速度也就更

kuài kě yǐ ɡāo sù lǜ de mìnɡzhònɡmù biāo
快，可以高速率地命中目标。

陶鲁斯左轮手枪

枪管里的凹槽 —— 运动的子弹

膛线示意图

柯尔特左轮手枪

小档案

膛线的英文名是"莱福"，所以人们常以为莱福步枪最早使用了膛线，其实是误解。

德林杰左轮手枪

美中不足

zhuǎn lún hé hú xínɡshǒubǐnɡ de shè jì shǐ zuǒ lún shǒuqiānɡchénɡwéi shǒuqiānɡ jiā zú zhōnɡzuì jù měi
转轮和弧形手柄的设计，使左轮手枪成为手枪家族中最具美

ɡǎn de yí lèi chénɡyuán bú ɡuò zuǒ lún shǒuqiānɡ yě yǒu zì shēn de bù zú zhī chù rú rónɡdànliànɡshǎo
感的一类成员。不过，左轮手枪也有自身的不足之处，如容弹量少、

shè sù dī wēi lì xiǎoděnɡ
射速低、威力小等。

自动手枪

zì dòng shǒu qiāng qí shí shì zhǐ zài shè jī guò chéng zhōng néng dān gè wán chéng kāi suǒ
自动手枪其实是指在射击过程中能单个完成开锁、

chōu ké pāo ké dài jī zài zhuāng tián bì suǒ děng dòng zuò de bàn zì
抽壳、抛壳、待击、再装填、闭锁等动作的半自

dòng shǒu qiāng
动手枪。

"自动"之父

shì jiè shang dì yī bǎ zì dòng shǒu qiāng jí zì
世界上第一把自动手枪（即自

dòng zhuāng tián shǒu qiāng shì yóu měi jí de dé guó rén yǔ
动装填手枪）是由美籍的德国人雨

guǒ bó chá dé yú nián fā míng de gāi qiāng de kāi suǒ pāo
果·博查德于1890年发明的。该枪的开锁、抛

ké dài jī zhuāng dàn bì suǒ děng dòng zuò jūn yóu qiāng jī hòu zuò
壳、待击、装弹、闭锁等动作均由枪机后座

hé fù jìn lái wán chéng
和复进来完成。

⤴ 雨果·博查德发
明的自动手枪。

⤴ 冲锋手枪

不同分类

zì dòng shǒu qiāng kě fēn wéi liǎng zhǒng yì
自动手枪可分为两种：一

zhǒng shì zhǐ néng dǎ dān fā de bàn zì dòng shǒu qiāng
种是只能打单发的半自动手枪，

yòu chēng zì dòng zhuāng tián shǒu qiāng lìng yì zhǒng
又称自动装填手枪；另一种

shì kě yǐ dǎ lián fā de quán zì dòng shǒu qiāng yòu
是可以打连发的全自动手枪，又

chēng chōng fēng shǒu qiāng
称冲锋手枪。

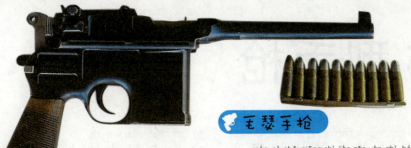

↑毛瑟自动手枪是世界上最大的军用手枪。

毛瑟手枪

máo sè shǒuqiāng shì jiào zǎo yán zhì hé shǐ yòng de zì dòng
毛瑟手枪是较早研制和使用的自动

shǒuqiāng zài zhōngguó sú chēng bó ké qiāng gāi qiāng
手枪，在中国俗称"驳壳枪"。该枪

shì dé guó máo sè bīng gōng chǎng fèi dé lè sān xiōng dì yú
是德国毛瑟兵工厂费德勒三兄弟于

nián yán zhì chénggōng de bìng yǐ máo sè de míng zi
1895年研制成功的，并以毛瑟的名字

shēnqǐng le zhuān lì
申请了专利。

小档案

朱德元帅在"八一"南昌起义时使用的手枪就是毛瑟手枪。

M1935

bó lǎngníng háo mǐ dà
勃朗宁 M1935 9毫米大

wēi lì zì dòng shǒuqiāng shì yì zhī píng jiè
威力自动手枪是一支凭借

zì shēn xìngnéng jìn rù shì jiè míngqiāng zhī
自身性能进入世界名枪之

liè de shǒuqiāng yǔ zhī qián de shè jì
列的手枪。与之前的设计

xiāng bǐ gāi qiāng jié gòu zhōng gèngduō de
相比，该枪结构中更多地

níng jù le shè jì shī bó lǎngníngfēng fù de
凝聚了设计师勃朗宁丰富的

xiǎngxiàng lì
想象力。

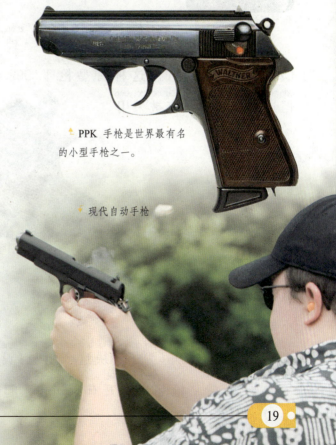

↑PPK 手枪是世界最有名的小型手枪之一。

↑现代自动手枪

CZ75 型手枪

CZ75型冲锋手枪比较罕见，它是专门为执法机构和军队研制的，但是产量不大。CZ75手枪令世人见识到前捷克斯洛伐克优良的制枪工艺，甚至可以代表20世纪中后期手枪设计的最高水平。

最初设计

刚开始研制的时候，CZ75的第一种选射型原型是在双手型的CZ85基础上改进的。这种原型枪于1992年在德国IWA枪展上展出，但这个设计并没有被采用。

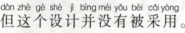

解决弱点

CZ75的单发精度和标准型一样，但它在连发射击时不好控制——这是冲锋手枪的通病。为了解决这个问题，设计师在早期的型号上配上了加长枪管，枪管前还开有泄气孔，起防跳器的作用。

▲ CZ75在射击时，枪身的平衡感与稳定性都很好。

使用简便快捷

shǒuqiāng de wò bà shè jì yǐ rén tǐ gōngchéng
CZ75 手枪的握把设计以人体工程

xué wéi jī chǔ fā shè jī gòu cǎi yòngshuāngdòngyuán
学为基础，发射机构采用双动原

lǐ shǐ yòng jiǎn biàn kuài jié tā hái néng fā
理，使用简便快捷。它还能发

shè duōzhǒngxíng hào de qiāngdàn jiǎn huà
射多种型号的枪弹，简化

le wǔ qì duì qiāngdàn kǒu jìng de
了武器对枪弹口径的

yī lài xìng
依赖性。

↑ CZ75 外形出众，价格低廉，推出
后在欧洲的销售极佳。

小档案

在全自动状态下，
CZ75 的理论射速约为
每分钟 1000 发。

→ CZ75

← CZ85

不同设计

suī rán méixiàng bó lái tǎ
CZ75 虽然没像"伯莱塔 93R"、

sī jié qí jīn nà yàng pèi shàngqiāngtuō dàn
"斯捷奇金 APS"那样配上枪托，但

què kě yǐ bǎ yí gè hòu bèi dàn xiá dào chā zài dǐ bà qiánduān
却可以把一个后备弹匣倒插在底把前端

chōngdāngqián wò bà ér wèi yú zuǒ cè de shǒudòngbǎo xiǎn
充当前握把。而位于 CZ75 左侧的手动保险

bǐngtóng shí yě shì kuàimàn jī xuǎn zé bǐng
柄同时也是快慢机选择柄。

M1911 自动手枪

在 手枪的发展史上，有一支至今仍被一些国家军队装备的"老寿星"，这就是美国柯尔特 M1911 及其改进型 M1911A1 式自动手枪。该枪从 1911 年开始被美军采用，到 1985 年开始退役。

研发历程

M1911 式手枪是由美国天才枪械设计师勃朗宁设计而成的，最终柯尔特公司买下了它的专利权。第一次世界大战后，美国陆军军械部评估了 M1911 式手枪的战斗表现，要求柯尔特公司进行了改进。

➤M1911A1 被誉为"军用手枪之王"。

军用手枪之王

毫不夸张地说，美国 M1911 式手枪是二战中最好的手枪。二战结束后，美国陆军曾对多种手枪进行综合性评比，最终 M1911 式手枪独占鳌头，被称为"军用手枪之王"。

◄ 正在使用 M1911 手枪的美军士兵

小档案

M1911A1 的改进型"伯罗"式手枪派生产品有 100 多种。

经典老枪

"柯尔特"自动手枪自装备部队以来，跟随着美军经历了无数次的大小战役，几乎见证了美国在世界上的每一个战争历程。而 M1911A1 则是美军装备过的最优秀的单兵自卫武器。

✦ M1911 手枪

✦ M1911 手枪分解图

不朽传奇

关于 M1911 手枪的故事很多，其中最为传奇的是约克上士的故事。1918 年 10 月 8 日，美国远征军上士约克仅用一支 M1911 手枪就威逼住 132 名德国士兵放下武器投降。

"伯莱塔" 92F

"伯莱塔"92F式手枪是美国于1985年第一次手枪换代选型试验时选中的,当时定名为M9。目前,美军已全部装备,用它替换了装备近半个世纪之久的柯尔特M1911A1手枪。

▲ M9式手枪

最早雏形

1934年,意大利伯莱塔公司在技术上采用与德国瓦尔特P38手枪同样的设计,推出了"伯莱塔"1934型手枪,该枪已具有伯莱塔手枪的雏形风格。

大受欢迎

在海湾战争中,美军尉官以上军官包括总司令,腰间别的都是"伯莱塔"92F式手枪。该枪的握把全部是由铝合金制成的,因而减轻了重量。其扳机护圈大,便于戴手套射击。

主要优点

bó lái tǎ de zuì dà tè diǎn
"伯莱塔" 92F 的最大特点

shì shè jī jīng dù jiào gāo cǐ wài gāi qiāng
是射击精度较高。此外，该枪

wéi xiū xìng hǎo gù zhàng lǜ dī jù shì yàn
维修性好、故障率低。据试验，

tā zài fēng shā chén tǔ ní jiāng děng è liè
它在风沙、尘土、泥浆等恶劣

zhàn dòu tiáo jiàn xià shì yìng xìng qiáng qiāng guǎn de
战斗条件下适应性强，枪管的

shǐ yòng shòu mìng gāo dá fā
使用寿命高达10 000发。

▶ "伯莱塔" 92F 手枪

小档案

1945年，意大利军队大量配用"伯莱塔"手枪，使其产量突飞猛进。

结实耐用

bó lái tǎ jiù suàn cóng mǐ de gāo
"伯莱塔" 92F 就算从1.2米的高

chù luò zài jiān yìng de dì miàn shang yě bú huì chū xiàn ǒu fā
处落在坚硬的地面上也不会出现偶发

xiàn xiàng yí dàn gāi qiāng zài zhàn dòu zhōng sǔn huài le jiào
现象。一旦该枪在战斗中损坏了，较

dà gù zhàng de píng jūn xiū lǐ shí jiān yě bú huì chāo guò bàn
大故障的平均修理时间也不会超过半

xiǎo shí xiǎo gù zhàng zé bù chāo guò fēn zhōng
小时，小故障则不超过10分钟。

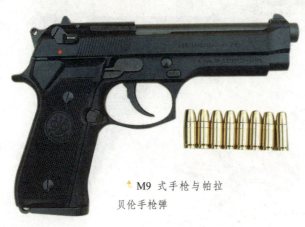

▲ M9 式手枪与帕拉
贝伦手枪弹

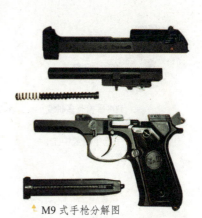

▲ M9 式手枪分解图

卢格 P08

卢^{gé} 格 P08 式手枪是德军的代表武器之一，它早在第一次世界大战之前就被德军采用，具有悠久的历史。由于构造复杂，生产成本很高，卢格 P08 手枪于 1942 年停产，但该武器的人气却很高。

大胆的改进

1890 年，美国人雨果·博查特研制出了世界上第一把自动手枪，也就是卢格手枪的原型。他的助手乔治·卢格在博查特手枪的基础上做了改进，研制出了卢格手枪。

小档案

P08 手枪有多种变型枪，其中炮兵型是 P08 手枪中的宝中宝，极其珍贵。

卢格 P08 手枪制造工艺精湛，自诞生之日起就成为全世界枪械收藏家的最爱。

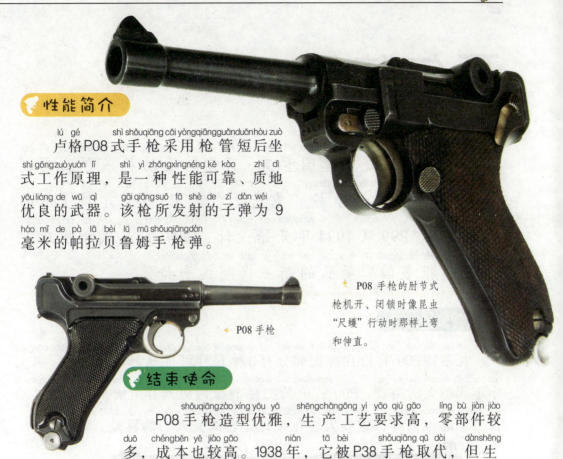

🐾 性能简介

lú gé shì shǒuqiāng cǎi yòngqiāngguǎnduǎnhòu zuò
卢格P08式手枪采用枪管短后坐

shì gōngzuò yuán lǐ shì yì zhǒngxìngnéng kě kào zhì dì
式工作原理，是一种性能可靠、质地

yōu liáng de wǔ qì gāi qiāngsuǒ fā shè de zǐ dàn wéi
优良的武器。该枪所发射的子弹为 9

háo mǐ de pà lā bèi lǔ mǔ shǒuqiāngdàn
毫米的帕拉贝鲁姆手枪弹。

→ P08 手枪

← P08 手枪

↑ P08 手枪的肘节式
枪机开、闭锁时像昆虫
"尺蠖"行动时那样上弯
和伸直。

🔫 结束使命

shǒuqiāngzào xíng yōu yǎ shēngchǎngōng yì yāo qiú gāo líng bù jiàn jiào
P08手枪造型优雅，生产工艺要求高，零部件较

duō chéngběn yě jiào gāo nián tā bèi shǒuqiāng qǔ dài dànshēng
多，成本也较高。1938年，它被P38手枪取代，但生

chǎnbìng wèi tíng zhǐ zhí dào nián dǐ cái zhèng shì jié shù pī liàngshēngchǎn
产并未停止，直到1942年底才正式结束批量生产。

shǒuqiāng zì nián wèn shì zhuāng bèi dé jūn dá duō nián
P08手枪自1908年问世，装备德军达30多年。

🦅 遭遇替代

zì nián qǐ wǎ ěr tè shǒuqiāngbiàn
自1938年起，瓦尔特 P38手枪便

chéngwéi le lú gé de tì yòngpǐn gāi qiāng cǎi yòng
成为了卢格P08的替用品，该枪采用

le shuāngdòng mó shì děngdāng shí zuì xīn de jì shù
了双动模式等当时最新的技术。

↑ P08 手枪的射击情景

瓦尔特 P99

瓦尔特P99是由德国卡尔·瓦尔特运动枪有限公司制造的半自动手枪，它是瓦尔特 P5 及瓦尔特 P88 的后继产品。P99 从 1994 年开始设计，1997 年正式推出后就成为了很多国家警队的新一代制式手枪。

人性化设计

瓦尔特P99手枪在握把部分有3种尺寸可供选择，以满足手掌大小不同的人的需要。P99手枪的护弓前缘两侧刻有沟槽，可以加挂消音器、瞄准器等，这些人性化设计让它深受人们的喜爱。

▲ P99 手枪

小档案

瓦尔特 P99 手枪除了军用的型号外，还有双动型、单动型、紧凑型等多种型号。

特务之枪

bāo kuò bō lán jǐng duì yīng guó jūn duì jiā ná dà méng tè lì ěr jǐng duì děng dōu zhuāng bèi le wǎ
包括波兰警队、英国军队、加拿大蒙特利尔警队等都装备了瓦

ěr tè gāi qiāng hái qǔ dài le wǎ ěr tè chéng wéi měi guó dòng zuò diàn yǐng zhōng zhān mǔ sī bāng
尔特P99。该枪还取代了瓦尔特PPK成为美国动作电影中詹姆斯·邦

dé zì bù sǐ míng tiān hòu de xīn yí dài shǒu qiāng
德自《不死明天》后的新一代手枪。

→P99手枪虽采用无击槌击发系统，但它具有双动扳机功能。

设计独特

wǎ ěr tè kě yǐ gēng huàn wò bà piàn jí wò bà bèi bǎn de
瓦尔特P99可以更换握把片及握把背版的

wèi zhì tā cǎi yòng hòu zuò zuò yòng yuán lǐ yùn zuò yuán bǎn zhuāng yǒu
位置。它采用后坐作用原理运作，原版装有

dān shuāng dòng bǎn jī zǎo qī de wǎ ěr tè hái yǒu dú tè de
单双动扳机。早期的瓦尔特P99还有独特的

jī zhēn shè jì jiù suàn zài fēi dài fā zhuàng tài xià àn dòng bǎn jī réng
击针设计，就算在非待发状态下按动扳机仍

kě jī fā
可击发。

→P99 HMSS是为纪念电影中詹姆斯·邦德使用的P99手枪而生产的特别版本。

特殊材质

wǎ ěr tè de cái zhì xiāng dāng tè shū qí wò
瓦尔特P99的材质相当特殊：其握

bǐng de bù fen shì jù hé wù zuò chéng de huá tào de bù
柄的部分是聚合物做成的，滑套的部

fen shòu dào jié gòu bù wèi de qiáng huà yāo qiú ér shǐ yòng de
分受到结构部位的强化要求而使用的

gāng cái zé jīng guò le dàn huà chǔ lǐ
钢材则经过了氮化处理。

"沙漠之鹰"

说起"沙漠之鹰"手枪，人们总是会把它和"大威力"、"重火力"等词语捆绑在一起。这是因为"沙漠之鹰"有着剽悍的外形和强大的威力，杀伤力堪比小口径步枪，是当之无愧的"手枪之王"。

离奇创意

沙漠之鹰发源于这样一个创意：当时在大口径手枪研究部门的3个家伙，突发奇想地要制造出一把半自动、气动的大口径手枪。于是，这把传奇之枪便诞生了。

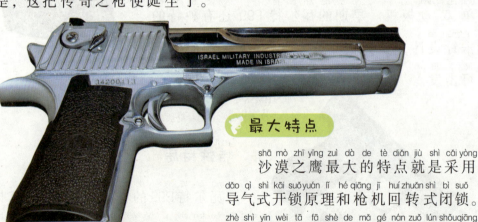

▲"沙漠之鹰"比普通手枪要大得多，很难隐蔽携带。

最大特点

沙漠之鹰最大的特点就是采用导气式开锁原理和枪机回转式闭锁。这是因为它发射的马格南左轮手枪弹的威力太大，一般自动手枪用的刚性闭锁原理根本无法承受。

不容小觑

jù shuō yǒu yí gè chū cì shǐ yòng shā mò zhī yīng de rén yīn wèi méi yǒu
据说，有一个初次使用"沙漠之鹰"的人因为没有
zhù yì wò qiāng de dòngzuò yòushǒuwàn
注意握枪的动作，右手腕
jìng rán gǔ zhé le yóu cǐ kě jiàn
竟然骨折了。由此可见，
shā mò zhī yīng de hòu zuò lì dí
"沙漠之鹰"的后坐力的
què bù néngràng rén xiǎoqiáo
确不能让人小瞧。

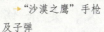

▶"沙漠之鹰"手枪
及子弹

▲"沙漠之鹰"手枪

小档案

1984 年的一部动
作片《龙年》中，"沙漠
之鹰"第一次在电影中
登场。

"袖珍炮"

shā mò zhī yīng yuán běn zhǐ shì yùn dòngshǒu
"沙漠之鹰"原本只是运动手
qiāng yóu yú tā de wēi lì hěn dà hěn kuàibiànzhuǎn
枪，由于它的威力很大，很快便转
dào le jūn jǐng rén yuánshǒuzhōng bìnghuò dé le xiù
到了军警人员手中，并获得了"袖
zhēn pào de yǎ hào jù shuō shòu liè yòng de
珍炮"的雅号。据说，狩猎用的
shā mò zhī yīng kě yǐ qīng yì de bǎ yì tóu mí
"沙漠之鹰"，可以轻易地把一头麋
lù fàng dǎo
鹿放倒。

▲"沙漠之鹰"

步 枪

　　<ruby>枪<rt>qiāng</rt></ruby><ruby>是<rt>shì</rt></ruby><ruby>步<rt>bù</rt></ruby><ruby>兵<rt>bīng</rt></ruby><ruby>使<rt>shǐ</rt></ruby><ruby>用<rt>yòng</rt></ruby><ruby>的<rt>de</rt></ruby><ruby>基<rt>jī</rt></ruby><ruby>本<rt>běn</rt></ruby><ruby>武<rt>wǔ</rt></ruby><ruby>器<rt>qì</rt></ruby>，<ruby>它<rt>tā</rt></ruby><ruby>能<rt>néng</rt></ruby><ruby>以<rt>yǐ</rt></ruby><ruby>火<rt>huǒ</rt></ruby><ruby>力<rt>lì</rt></ruby>、<ruby>枪<rt>qiāng</rt></ruby><ruby>刺<rt>cì</rt></ruby><ruby>和<rt>hé</rt></ruby><ruby>枪<rt>qiāng</rt></ruby><ruby>托<rt>tuō</rt></ruby><ruby>杀<rt>shā</rt></ruby><ruby>伤<rt>shāng</rt></ruby><ruby>敌<rt>dí</rt></ruby><ruby>人<rt>rén</rt></ruby>，<ruby>是<rt>shì</rt></ruby><ruby>杀<rt>shā</rt></ruby><ruby>伤<rt>shāng</rt></ruby><ruby>单<rt>dān</rt></ruby><ruby>个<rt>gè</rt></ruby><ruby>目<rt>mù</rt></ruby><ruby>标<rt>biāo</rt></ruby><ruby>的<rt>de</rt></ruby><ruby>有<rt>yǒu</rt></ruby><ruby>效<rt>xiào</rt></ruby><ruby>武<rt>wǔ</rt></ruby><ruby>器<rt>qì</rt></ruby>。<ruby>步<rt>bù</rt></ruby><ruby>枪<rt>qiāng</rt></ruby><ruby>又<rt>yòu</rt></ruby><ruby>分<rt>fēn</rt></ruby><ruby>为<rt>wéi</rt></ruby><ruby>非<rt>fēi</rt></ruby><ruby>自<rt>zì</rt></ruby><ruby>动<rt>dòng</rt></ruby><ruby>步<rt>bù</rt></ruby><ruby>枪<rt>qiāng</rt></ruby><ruby>和<rt>hé</rt></ruby><ruby>自<rt>zì</rt></ruby><ruby>动<rt>dòng</rt></ruby><ruby>步<rt>bù</rt></ruby><ruby>枪<rt>qiāng</rt></ruby>。

区别

　　<ruby>非<rt>fēi</rt></ruby><ruby>自<rt>zì</rt></ruby><ruby>动<rt>dòng</rt></ruby><ruby>步<rt>bù</rt></ruby><ruby>枪<rt>qiāng</rt></ruby><ruby>每<rt>měi</rt></ruby><ruby>扣<rt>kòu</rt></ruby><ruby>一<rt>yí</rt></ruby><ruby>次<rt>cì</rt></ruby><ruby>扳<rt>bān</rt></ruby><ruby>机<rt>jī</rt></ruby>，<ruby>只<rt>zhǐ</rt></ruby><ruby>能<rt>néng</rt></ruby><ruby>发<rt>fā</rt></ruby><ruby>射<rt>shè</rt></ruby><ruby>一<rt>yì</rt></ruby><ruby>发<rt>fā</rt></ruby><ruby>枪<rt>qiāng</rt></ruby><ruby>弹<rt>dàn</rt></ruby>，<ruby>退<rt>tuì</rt></ruby><ruby>壳<rt>ké</rt></ruby><ruby>和<rt>hé</rt></ruby><ruby>装<rt>zhuāng</rt></ruby><ruby>填<rt>tián</rt></ruby><ruby>都<rt>dōu</rt></ruby><ruby>要<rt>yào</rt></ruby><ruby>靠<rt>kào</rt></ruby><ruby>手<rt>shǒu</rt></ruby><ruby>工<rt>gōng</rt></ruby><ruby>进<rt>jìn</rt></ruby><ruby>行<rt>xíng</rt></ruby>。<ruby>自<rt>zì</rt></ruby><ruby>动<rt>dòng</rt></ruby><ruby>步<rt>bù</rt></ruby><ruby>枪<rt>qiāng</rt></ruby><ruby>又<rt>yòu</rt></ruby><ruby>分<rt>fēn</rt></ruby><ruby>为<rt>wéi</rt></ruby><ruby>半<rt>bàn</rt></ruby><ruby>自<rt>zì</rt></ruby><ruby>动<rt>dòng</rt></ruby><ruby>步<rt>bù</rt></ruby><ruby>枪<rt>qiāng</rt></ruby><ruby>和<rt>hé</rt></ruby><ruby>全<rt>quán</rt></ruby><ruby>自<rt>zì</rt></ruby><ruby>动<rt>dòng</rt></ruby><ruby>步<rt>bù</rt></ruby><ruby>枪<rt>qiāng</rt></ruby><ruby>两<rt>liǎng</rt></ruby><ruby>种<rt>zhǒng</rt></ruby>，<ruby>前<rt>qián</rt></ruby><ruby>者<rt>zhě</rt></ruby><ruby>每<rt>měi</rt></ruby><ruby>扣<rt>kòu</rt></ruby><ruby>一<rt>yí</rt></ruby><ruby>次<rt>cì</rt></ruby><ruby>扳<rt>bān</rt></ruby><ruby>机<rt>jī</rt></ruby>，<ruby>只<rt>zhǐ</rt></ruby><ruby>能<rt>néng</rt></ruby><ruby>发<rt>fā</rt></ruby><ruby>射<rt>shè</rt></ruby><ruby>一<rt>yì</rt></ruby><ruby>发<rt>fā</rt></ruby><ruby>枪<rt>qiāng</rt></ruby><ruby>弹<rt>dàn</rt></ruby>，<ruby>退<rt>tuì</rt></ruby><ruby>壳<rt>ké</rt></ruby><ruby>和<rt>hé</rt></ruby><ruby>重<rt>chóng</rt></ruby><ruby>新<rt>xīn</rt></ruby><ruby>装<rt>zhuāng</rt></ruby><ruby>填<rt>tián</rt></ruby><ruby>是<rt>shì</rt></ruby><ruby>靠<rt>kào</rt></ruby><ruby>火<rt>huǒ</rt></ruby><ruby>药<rt>yào</rt></ruby><ruby>气<rt>qì</rt></ruby><ruby>体<rt>tǐ</rt></ruby><ruby>的<rt>de</rt></ruby><ruby>能<rt>néng</rt></ruby><ruby>量<rt>liàng</rt></ruby><ruby>自<rt>zì</rt></ruby><ruby>动<rt>dòng</rt></ruby><ruby>完<rt>wán</rt></ruby><ruby>成<rt>chéng</rt></ruby><ruby>的<rt>de</rt></ruby>。

▶ 自动步枪

▶ 毛瑟步枪

斯通纳枪族

发明这种积木式组合枪的是美国一位叫斯通纳的工程师。20世纪50年代初期，有一天，斯通纳到幼儿园接孩子时，被孩子玩积木的情景迷住了。经过几年的努力，1963年，他终于试制成功了这种积木式组合枪。

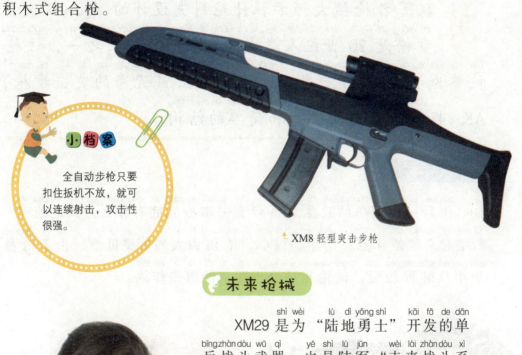

小档案

全自动步枪只要扣住扳机不放，就可以连续射击，攻击性很强。

▲ XM8 轻型突击步枪

未来枪械

XM29是为"陆地勇士"开发的单兵战斗武器，也是陆军"未来战斗系统"计划的一个重要组成部分。

▲ 比利时 FN FAL 步枪

AK-47步枪

^{lián zhù míng qiāng xiè dà shī kǎ lā shí ní kē fū shè jì de} ^{tū jī}

苏 联著名枪械大师卡拉什尼科夫设计的 AK-47 突击

^{bù qiāng shì} ^{shì jì rén lèi wǔ zhuāng lì liàng de xiàng zhēng zhī yī} ^{gāi qiāng}

步枪是20世纪人类武装力量的象征之一，该枪

^{bèi yù wéi bù qiāng zhōng de wáng zhě} ^{zuò wéi shì jiè shang zuì yōu xiù de tū jī bù qiāng}

被誉为步枪中的王者。作为世界上最优秀的突击步枪，

^{yōng yǒu wán měi de huǒ lì hé jiǎn dān de jié gòu}

AK-47拥有完美的火力和简单的结构。

过人之处

^{zuò wéi yì zhǒng jiǎn dān de wǔ qì} ^{tū jī bù qiāng dào dǐ yǒu shén me guò rén zhī chù ne}

作为一种简单的武器，AK-47突击步枪到底有什么过人之处呢？

^{guī jié qǐ lái jiù shì diǎn nài yòng jiǎn dān shā shāng lì dà hé jià gé dī lián yóu yú qiāng shēn}

归结起来就是4点：耐用、简单、杀伤力大和价格低廉。由于枪身

^{duǎn xiǎo qiě shè chéng jiào duǎn gāi qiāng hěn shì hé jìn jù lí de tū jī zuò zhàn}

短小且射程较短，该枪很适合近距离的突击作战。

◄ AK-47深受
各国士兵的喜爱。

适应性强

^{tū jī bù qiāng néng shì yìng suǒ yǒu}

AK-47 突击步枪能适应所有

^{de è liè huán jìng wú lùn shì cháo shī mēn rè de}

的恶劣环境，无论是潮湿闷热的

^{rè dài yǔ lín hái shì fēng shā màn tiān de shā mò}

热带雨林，还是风沙漫天的沙漠

^{dì qū wú lùn shì qiāng guǎn jìn shuǐ jìn shā hái}

地区，无论是枪管进水进沙，还

^{shì bèi shēn mái zài ní shuǐ zhī zhōng dōu bú huì yǐng}

是被深埋在泥水之中，都不会影

^{xiǎng tā de zhèng cháng shǐ yòng}

响它的正常使用。

驰骋战场

zài dì èr cì shì jiè dà zhàn hòu de yì xiē zhōng xiǎo guī mó de jūn shì
在第二次世界大战后的一些中、小规模的军事

chōng tū zhōng   céng bèi bù shǎo guó jiā de jūn duì dàng zuò
冲突中，AK-47 曾被不少国家的军队当作

bù bīng de zhǔ zhàn wǔ qì ér chí chěng yú zhàn chǎng   jù
步兵的主战武器而驰骋于战场。据

měi guó qīng wǔ qì píng lùn jiā tǒng jì   gāi qiāng
美国轻武器评论家统计，该枪

shì shì jiè shang shēng chǎn liàng zuì duō
是世界上生产量最多

de yì zhǒng bù qiāng
的一种步枪。

▲ AK-47

▲ AK-47 突击步枪

备受青睐

tōng cháng   kǒng bù fēn zǐ gé wài zhōng ài   tā men rèn wéi   bù jǐn qiāng shēn
通常，恐怖分子格外钟爱 AK-47。他们认为，AK-47 不仅枪身

jiē shi nài yòng   yě hěn shǎo chū gù zhàng   zuì zhòng yào de shì   de shā shāng lì hěn qiáng   ér
结实耐用，也很少出故障。最重要的是，AK-47 的杀伤力很强，而

qiě zhì zuò yě fēi cháng jiǎn dān
且制作也非常简单。

▲ AK-47S 是 AK-47 的
金属折叠枪。

M1 加兰德步枪

美国的 M1 加兰德步枪因其设计师约翰·加兰德而得名，它是大批量生产和使用的第一种自动装填步枪。该步枪在美军中装备时间长达21年，直到1957年才被替换。

武器大师

约翰·C.加兰德于1919—1953年在美国春田兵工厂从事武器研究和设计工作，期间他先后设计发明了54种步枪。他是一位天才枪械设计师，一生获得多项与M1和M14步枪有关的专利。

◄ M1 步枪

产量超大

1936年1月9日，美国开始装备 M1 半自动步枪。第二次世界大战期间共交付美军400万支M1步枪。朝鲜战争爆发后，又生产了143万支。截至1957年，全世界共生产M1步枪约1000万支。

诸多考验

M1加兰德步枪在第二次世界大战中经历了风雪、潮湿、海洋、高山地带、热带丛林和干燥沙漠环境条件的重重考验，被认为是第二次世界大战中性能最佳的步枪。

小档案

由于加兰德的杰出创造，美国陆军在轻武器发展史上第一次处于领先地位。

忠实"粉丝"

美国著名的"铁血将军"乔治·巴顿是M1步枪的超级"粉丝"。他习惯把该枪放在自己乘坐的吉普车旁边，以备自卫的时候使用。

M1 加兰德步枪是世上第一种大量服役的半自动步枪，也是二战中最著名的步枪之一。

独特供弹

M1加兰德步枪的供弹方式比较有特色，当最后一发子弹射击完毕的时候，弹夹会被退夹器自动弹出弹仓，从而发出声响，提醒士兵重新装子弹。M1步枪的弹夹有双圆开口和单开口两种，双圆开口的不论上下都可以装入弹仓，单开口只能开口向上装入弹仓。

M16步枪

M16是一种被称为开创小口径化枪械先河的步枪，该枪由洛克希德公司的工程师斯通纳设计，并于20世纪60年代开始装备于美军之中，至今已过了40多年，仍历久不衰。

战斗利器

5.56毫米的M16步枪是世界上第一种装备部队并参加实战的小口径步枪。它先是在越南战争的烽火中初露头角，之后又在1991年的海湾战争中大显身手。

↑ M16A1

↓ M16A2

衍生繁多

继M16之后出现的有M16A1、M16A2、M16A3、M16A4式4种改进型步枪以及变种枪M4式卡宾枪。M16A1式步枪是M16式步枪的改进型，之后它又被改进为M16A2。

不断改进

M16A1 和 M16A2 是 M16 步枪 中 使用
最 广 泛 的 两 种 类 型 。和 M16A1 相 比 ，
M16A2 增 加 了 枪 管 壁 的 厚 度 ，并 改 进 了
护 木 和 膛 口 消 焰 器 ，射 击 精 度 有 了 一 定
的 提 高 。

→ M16 突击步枪有一个别
具特色的绰号——"黑枪"。

最新成员

M16A4 不 仅 是 21 世纪初美伊战 争 中美国海军
陆 战 队 的 标 准 装 备 ，也 是 M16 步 枪 家 族 中 的 最 新
成 员 。该 枪 具 有 配 备 护 木 的 4 个 滑 轨 ，可 以 使 用
光 学 瞄 准 镜 、夜 视 镜 、激 光 瞄 准 器 、强 光 照 明
灯 、握 柄 及 战 术 灯 。

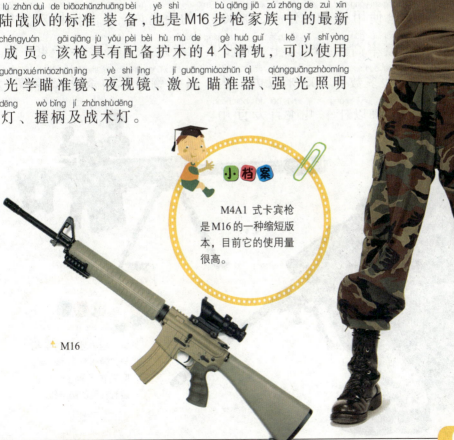

小档案

M4A1 式卡宾枪
是 M16 的一种缩短版
本，目前它的使用量
很高。

↑ M16

狙击步枪

狙击步枪在结构设计上有许多与众不同之处。它的枪管由上乘的铬钼钢或不锈钢制成，内膛的加工精度和光洁度比一般枪管都高。

一枪毙命

狙击步枪使用效率十分高，在600米的距离内，狙击步枪对人胸目标的杀伤概率高达80%以上；在步兵作战距离（通常少于400米，大多数在200米以内）内，对人胸目标的杀伤概率高达95%以上，几乎百发百中。

狙击步枪

小档案

狙击步枪的结构与普通步枪基本一致，区别在于狙击步枪多装有精确的瞄准镜。

狙击手

在脍炙人口的《游击队歌》里有这样一句歌词："我们都是神枪手，每一颗子弹消灭一个敌人。"这是对战场上神出鬼没的狙击手最准确的形容。狙击手的世界是神秘而惊险的，当一名狙击手进入战场的时候，他所能够依靠的就是冷静的头脑和手中的狙击步枪。

→ 狙击手

卡尔比勒43步枪

1941年至1942年间，德国工程师研制了一种卡尔比勒K43半自动步枪。尽管它在数量上没有全部装备前线，但是K43可以作为狙击步枪来使用，并且非常出色。

41

M40 狙击步枪

M40是一种很精确的武器，它是由雷明顿武器公司在M700式民用步枪基础上研制而成的一种狙击步枪。美国人认为该枪是现代狙击步枪的先驱，并于越南战争中开始将其装备于军队。

"雷神之锤"

对于狙击手来说，狙击步枪无疑是他们最信赖的"战友"。而对于美军狙击手来说，绿色的M40狙击步枪则是让他们感到安全和力量的"雷神之锤"。

🔸 M40 狙击枪

与时俱进

第二次世界大战期间，美军并不重视狙击手。之后的越南战争中，行踪不定的北越狙击手将他们折腾得鸡飞狗跳，吃了大亏的美军这才明白狙击手的重要。于是，M40被大量装备。

自身局限

M40是一种完全手动的狙击步枪，且弹匣中只装有5发子弹。每打完一枪，狙击手就要拉开枪机退出弹壳重新上膛。一旦近距离遭遇敌人，该枪便不能发挥威力了。

↑ 正在装填子弹的 M40

"M40 热潮"

1993年，好莱坞上映了一部狙击题材的电影《双狙人》。该影片对美军狙击手战术的详细描写及对M40狙击步枪的褒奖，在轻武器迷中引发了一股"M40热潮"。

小档案

M40 有 3 种改进型，它们分别是M40A1、M40A2 和 M40A3。

↑ M40 手动的狙击步枪在射击精度上要比半自动的狙击步枪高一些。

SVD 狙击步枪

SVD 狙击步枪是由苏联枪械设计师德拉贡诺夫设计的狙击步枪，它实际上是AK-47突击步枪的放大版本。该枪于1967年开始装备部队，就连埃及、罗马尼亚等国的军队也采用和生产过SVD。

设计理念

1958年，苏联提出了设计一种半自动狙击步枪的构想。该构想既要求提高射击精度，又必须保证武器能够在恶劣的环境条件下可靠地工作。此外，其构造也要简单轻巧紧凑。

小档案

SVD 的自动发射原理和 AK-47 系列相同，但结构却更为简单。

△ SVD 狙击枪

设计大师

德拉贡诺夫于 1920 年出生在伊热夫斯克这个以制造轻武器而著名的城市，他曾在大学学习机械加工技术，并且酷爱射击运动。后来，德拉贡诺夫到武器设计局工作，设计出了著名的 SVD 狙击步枪。

专业人士

装备 SVD 的士兵需要接受针对该武器的专门训练。据说，车臣战争中俄军没有经过专门训练的 SVD 狙击手，于是就让特别行动小组的特等射手来使用它们，但结果并不出色。

↟ SVD 的枪托使用的是一般木质枪握把，后方大部分镂空。

士兵之友

SVD 步枪就像士兵们的朋友，他们小心地"呵护"着这位朋友，经常对它进行保养、清理。SVD 的瞄准具可以快速瞄准射击，或使用机械瞄准具进行近距离射击。

↟ 乌克兰士兵在使用 SVD 突击步枪。

冲锋枪

冲锋枪是一种单兵连发枪械，它比步枪短小轻便，具有较高的射速，火力猛烈，适于近战和冲锋时使用，在200米内具有良好的作战效能。

冲锋枪的发展

冲锋枪是第一次世界大战时开始研制的，当时主要是9毫米口径的冲锋枪。第二次世界大战中，不同型号和不同口径的冲锋枪相继问世。战后，随着自动步枪的发展，冲锋枪与自动步枪的区别越来越小，有些已很难定义和分类。

↑汤普森M1A1冲锋枪

➡冲锋枪是轻武器家族中不可缺少的重要成员。

二战英雄

měi guó de tāng pǔ sēn chōng fēng qiāng bèi rèn wéi
美国的汤普森冲锋枪被认为

shì chōng fēng qiāng de yuán lǎo zhī yī　zài　shì jì
是冲锋枪的元老之一，在20世纪

èr sān shí nián dài　hěn duō fěi tú dōu shǐ yòng zhè zhǒng
二三十年代，很多匪徒都使用这种

qiāng　shǐ qí biàn de shēng míng láng jí　èr zhàn bào
枪，使其变得声名狼藉。二战爆

fā hòu　zhuó yuè de zhàn dòu xìng néng shǐ tā chéng wéi shì
发后，卓越的战斗性能使它成为世

jiè shàng hěn yǒu yǐng xiǎng de chōng fēng qiāng zhī　yī
界上很有影响的冲锋枪之一。

↑ MP40 冲锋枪

恐怖克星

dé guó　　chōng fēng qiāng shì dāng dài shǐ yòng zuì guǎng fàn de
德国MP5冲锋枪是当代使用最广泛的

chōng fēng qiāng zhī yī　xùn měng de huǒ lì hé gāo jīng què dù de
冲锋枪之一，迅猛的火力和高精确度的

jié hé shǐ tā chéng wéi fǎn kǒng bù bù duì yóu qí shì yíng jiù rén zhì
结合使它成为反恐怖部队尤其是营救人质

xiǎo zǔ de shǒu xuǎn wǔ qì
小组的首选武器。

小档案

冲锋枪的设计需
求最早来自第一次世
界大战当中的壕沟战。

↑ M93R 冲锋手枪

↑ MP5 冲锋枪

单兵武器

dān bīng zì wèi wǔ qì shì jìn nián lái chū xiàn de yí gè xīn gài
单兵自卫武器是近年来出现的一个新概

niàn wǔ qì　tā shì bù duì zhōng yuè lái yuè duō de fēi yí xiàn zuò zhàn
念武器，它是部队中越来越多的非一线作战

rén yuán shǐ yòng de wǔ qì
人员使用的武器。

机枪

在战场上，步兵最主要的直接火力支援就是机枪，它是一种配有两脚架、枪架、枪座，能实施连发射击的自动枪械，早期也有人称之为"机关枪"。

赫赫战功

机枪经历了两次世界大战的检验，大显身手，战绩显赫。在第一次世界大战中，机枪就显示出了它重要的作用。据英国人估计，英军伤亡的80%以上是由机枪火力造成的，仅1916年7月的索姆河战役中，德军用马克沁机枪就使英军在一天之中伤亡近6万人。

轻机枪

轻机枪是一种装有两脚架、重量较轻的步兵专用自动武器，它携带方便，可卧姿抵肩射击，也可立姿或行进间射击。

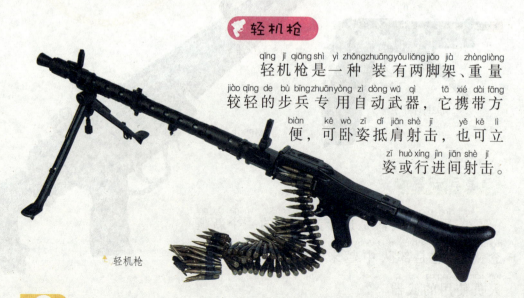

↑ 轻机枪

通用机枪

shì jiè shang dì yī zhǒng tōngyòng jī qiāng shì dé guó zài èr zhàn qián yán zhì
世界上第一种通用机枪是德国在二战前研制
chénggōng de shì háo mǐ tōngyòng jī qiāng nián dé guó
成功的 MG34 式 7.92 毫米通用机枪。1942 年，德国
yòu dìngxíng le shì háo mǐ tōngyòng jī qiāng
又定型了 MG42 式 7.92 毫米通用机枪。

↑ MG42 通用机枪

↑ MG34 通用机枪

重机枪

zhòng jī qiāng shì yì zhǒngzhuāngyǒu wěn gù qiāng jià qiě kě fēn jiě bān yùn de zì dòng wǔ qì tā
重机枪是一种装有稳固枪架，且可分解搬运的自动武器，它
shè jī jīng dù jiào hǎo néngchángshí jiān lián xù shè jī shì bù bīng fēn duì de yì zhǒng zhī yuánbīng qì
射击精度较好，能长时间连续射击，是步兵分队的一种支援兵器。
tā zhǔ yàoyòng yú shāshāng dí rén de yǒushēng mù biāo yā zhì huǒ lì diǎn
它主要用于杀伤敌人的有生目标，压制火力点。

↑ 重机枪

小档案

机枪是由英国人
发明的，但是他们在战
场上却吃了德国人机
枪的大亏。

特种枪械

zhǒng qiāng shì fēi cháng guī qiāng xiè zhǔ yào gōng tè zhǒng bù duì jǐng chá bù duì
特种枪是非常规枪械，主要供特种部队、警察部队
děng shǐ yòng zhè xiē qiāng yóu yú yòng tú tè shū suǒ yǐ jié gòu de chā yì hěn
等使用。这些枪由于用途特殊，所以结构的差异很
dà ér qiě zài shǐ yòng shí hěn yǐn bì
大，而且在使用时很隐蔽。

五花八门

yóu yú yòng tú tè shū tè zhǒng qiāng de zhǒng lèi zuì wéi fán duō rú bǐ shǒu qiāng zhé dié qiāng
由于用途特殊，特种枪的种类最为繁多，如匕首枪、折叠枪、
dú sǎn qiāng yào shi qiāng shǒu zhàng qiāng xiāng yān qiāng dǎ huǒ jī qiāng hé gāng bǐ qiāng děng
毒伞枪、钥匙枪、手杖枪、香烟枪、打火机枪和钢笔枪等。

▲ 手杖枪

▲ 匕首枪

▲ 夜视手枪

弯管枪

wèi duì fu guǎi jiǎo chù de mù biāo
为对付拐角处的目标，

shǐ qiàn háo zhōng de shì bīng kě yǐ xiàng wài shè
使堑壕中的士兵可以向外射

jī tǎn kè chéng yuán néng shè jī lín jìn tǎn kè de dí rén dé
击、坦克乘员能射击临近坦克的敌人，德

guó céng yán zhì guò néng shǐ dàn tóu guǎi wān fēi xíng de wān guǎn qiāng
国曾研制过能使弹头拐弯30°飞行的弯管枪。

▲ 夜视消声手枪

小档案

特种枪械在国际
上常常为特工人员所
使用，就如我们在电影
里看到的那样。

水下步枪

shuǐ xià bù qiāng zhuān mén gōng wā rén shǐ yòng
水下步枪专门供蛙人使用，

fā shè jiàn xíng dàn jiàn xíng dàn zài shuǐ xià yùn dòng shí
发射箭形弹。箭形弹在水下运动时

kào bǎi dòng wěn dìng ér bú shì kào xuán zhuǎn wěn dìng
靠摆动稳定，而不是靠旋转稳定。

dàn xiá nèi zhuāng yǒu fā jiàn xíng dàn néng chuān tòu
弹匣内装有26发箭形弹，能穿透

háo mǐ hòu de bō li miàn zhào
5毫米厚的玻璃面罩。

▲ 水下步枪

口径与子弹

现代枪的口径一般分为三级，我国通常称 6 毫米以下的为小口径，12 毫米以上的为大口径，介于两者之间的为普通口径。

口径种类

据对一些主要生产武器的国家进行统计，现代枪口径的规格不少于 50 种，其中手枪和冲锋枪的口径 20 余种，步枪、突击枪、轻机枪和重机枪的口径 20 余种，大口径机枪的口径不少于 10 种。

→ P220 ST 型手枪的口径为 9 毫米。

◀ 现代步枪的口径都比较小，因为小口径子弹射出枪口的速度比较快，杀伤力大。

小档案

枪弹对枪管的磨损很大，一个好的枪管枪弹运行寿命也只有几分钟。

枪弹

qiāngdàn shì qiāngxiè zài zhàndòuzhōngyòng lái gōngjī huò fángyù　　zhì shǐ mù biāo zhí jiē
枪弹是枪械在战斗中用来攻击或防御，致使目标直接

zāoshòusǔnhài de dàn yào　　yě shì gè lèi wǔ qì zhōngyìngyòng zuì guǎng　xiāohào zuì duō de
遭受损害的弹药，也是各类武器中应用最广、消耗最多的

yì zhǒngdàn yào　　sú chēng zǐ dàn
一种弹药，俗称子弹。

▶各种不同的子弹

枪弹的构造

qiāngdàn yóu dàn tóu　　fā shè yào　dàn ké hé dǐ huǒ gòuchéng　dǐ huǒyòng lái diǎn rán fā shè yào
枪弹由弹头、发射药、弹壳和底火构成。底火用来点燃发射药。

gāo wēn gāo yā de huǒ yào rán qì gāo sù péngzhàng　　jiāngdàn tóu shè chūqiāngtáng　gāo sù fēi xíng de dàn tóu
高温高压的火药燃气高速膨胀，将弹头射出枪膛。高速飞行的弹头

kě zhí jiē shāshānghuò pò huài mù biāo
可直接杀伤或破坏目标。

枪弹种类

chángyòng de qiāngdàn zhǔ yào yǒu　pǔ tōngdàn　yè guāngdàn　chuān jiǎ rán shāodàn hé bào zhà dànděng
常用的枪弹主要有：普通弹、曳光弹、穿甲燃烧弹和爆炸弹等。

▼燃烧弹

手雷与手榴弹

手 léi hé shǒu liú dàn xiāng bǐ　jù yǒu tǐ jī xiǎo　zhòng liàng qīng　wēi lì dà
雷和手榴弹相比，具有体积小、重量轻、威力大
děng yōu diǎn　dàn shì zài tóu zhì fāng miàn bù rú shǒu liú dàn tóu de yuǎn　shǒu léi
等优点，但是在投掷方面不如手榴弹投得远。手雷
hé shǒu liú dàn dōu shì jìn zhàn　yè zhàn de hǎo wǔ qì
和手榴弹都是近战、夜战的好武器。

手雷

shǒu léi jiù shì wú bǐng shǒu liú dàn　tā yǔ chuán tǒng de shǒu
手雷就是无柄手榴弹，它与传统的手
liú dàn bìng méi yǒu běn zhì shang de qū bié　cóng lǐ lùn shang jiǎng
榴弹并没有本质上的区别，从理论上讲，
shǒu léi zài xié dài shang gèng jiā fāng biàn　shì hé jìn zhàn
手雷在携带上更加方便，适合近战。

← 早期的手榴弹

← 士兵在投掷手榴弹

木柄手榴弹

← 木柄手榴弹

shì mù bǐng shǒu liú dàn shì 20 shì jì　nián dài zhōng qī yán
67式木柄手榴弹是20世纪60年代中期研
zhì de　1967 nián wán chéng shè jì dìng xíng　tā shì zài　shì mù
制的，1967年完成设计定型。它是在63式木
bǐng shǒu liú dàn jī chǔ shang gǎi jìn ér chéng de　zhǔ yào shì wèi jiě jué
柄手榴弹基础上改进而成的，主要是为解决
shì mù bǐng shǒu liú dàn cún zài de shǐ yòng bù ān quán　tóu zhì shí
63式木柄手榴弹存在的使用不安全、投掷时
zǎo zhà hé yì shòu cháo děng yán zhòng wèn tí ér yán zhì de
早炸和易受潮等严重问题而研制的。

手榴弹

jìn jù lí zuò zhàn shí　　shǒu liú dàn shì yī zhǒng jù
近距离作战时，手榴弹是一种具
yǒu jiào dà shā shāng lì de wǔ qì　zǎo qī de shǒu liú dàn
有较大杀伤力的武器。早期的手榴弹
wài xíngxiàng shí liu　　yòu shì yòngshǒu lái tóu zhì　　suǒ yǐ qǔ
外形像石榴，又是用手来投掷，所以取
míng wéi shǒu liú dàn
名为手榴弹。

▲ 手雷

▶ 现代手榴弹的样式
小巧，爆炸力巨大。

82-2 式手榴弹

gāi shǒu liú dàn de yán zhì mù dì shì yòng lái qǔ dài
该手榴弹的研制目的是用来取代
shì mù bǐngshǒu liú dàn　　tā de zhǔ yào tè diǎn shì
77-1式木柄手榴弹。它的主要特点是
jié gòu jiǎn dān　　jīng jì xìng hǎo　　tǐ jī xiǎo　　zhòng
结构简单，经济性好，体积小，重
liàngqīng　yǔ　shì mù bǐngshǒu liú dàn bǐ jiào　　tā de
量轻。与67式木柄手榴弹比较，它的
tǐ jī suō xiǎo le　　　　zhòngliàng jiǎnshǎo le　　　　ān
体积缩小了58%，重量减少了57%，安
quánxìng hé kě kào xìng yě tí gāo le
全性和可靠性也提高了

小档案

　在宋朝出现的称
为"火球"或"火炮"的
火器，其原理与现代手
榴弹相同。

地雷

地雷是一种埋入地表下或布设于地面的爆炸性火器，最早的地雷发源于中国。1130年，金军攻打陕州，宋军使用埋设于地面的"火药炮"（即铁壳地雷），给金军以重创，从而取胜。

地雷的组成

由外壳、炸药、引信、传动或者传感装置组成。地雷被布放在地面或者地下伪装好，目标出现在地雷场时，人们就可以操纵地雷爆炸，或者由目标自己碰撞地雷引信，引起爆炸。

▲地雷

威慑力

地雷主要用来构成地雷场，以形成很大的爆炸威力，杀伤敌方的有生力量，或者炸毁敌方的装甲，破坏道路等。

→地雷场

布雷

利用地雷杀伤敌人，最重要的环节是布雷，就是把地雷布设在地雷场中。小范围的布雷可以采用人工布雷或用布雷器布雷，大范围的布雷现在采用火箭、火炮或飞机。

→布雷

小档案

布置地雷最常见的做法是由专门布雷人员用手掩埋，这样掩埋的地雷很难被发现。

水雷

水雷是一种隐藏在水中的兵器，它是一支威力强大的水下"伏兵"。水雷能出其不意地突然爆炸，给舰船航行造成严重威胁。

水雷的种类

世界上的水雷约有100多种，就爆炸原理来说，大体可分为两大类：一类是触发水雷，当舰船触碰时才引起爆炸；另一类是非触发水雷，它们是利用舰船航行时所产生的磁场、声场、水压场等，在一定距离引起爆炸，对舰艇产生破坏作用。

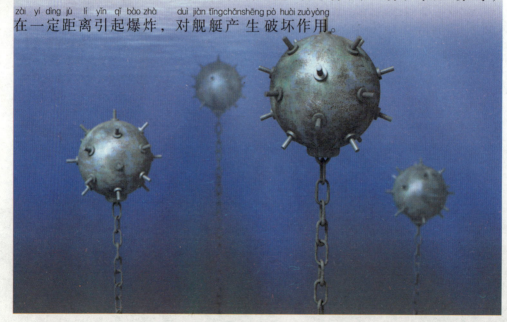

↑ 浮雷

水雷的作用

↑ 水雷

shuǐ léi bù shè zài zì jǐ de hǎi yù　kě yǐ gòuchéngfáng yù
水雷布设在自己的海域，可以构成防御

shuǐ léi zhàng ài　fēng suǒ hǎi xiá　shuǐ dào　jiā qiángkàngdēng lù
水雷障碍，封锁海峡、水道，加强抗登陆

fáng yù　bù shè zài dí rén de hǎi yù　kě yǐ gòuchénggōng shì
防御；布设在敌人的海域，可以构成攻势

shuǐ léi zhàng ài　fēng suǒ dí jī dì　gǎngkǒu hé shuǐ dào　dǎ jī
水雷障碍，封锁敌基地、港口和水道，打击

hé xiàn zhì dí jiàn tǐng de zhàn shù huódòng
和限制敌舰艇的战术活动。

大型触发锚雷

dà xíngchù fā máo léi shì yóu shuǐmiànjiàn tǐng bù fàng zài
大型触发锚雷是由水面舰艇布放在

jiào shēn de shuǐ yù　yòng lái dǎ jī dí rén de dà xíngshuǐmiàn
较深的水域，用来打击敌人的大型水面

jiàn tǐng hé qián shuǐ tǐng de yì zhǒngshuǐ léi　tā yóu léi tǐ hé
舰艇和潜水艇的一种水雷，它由雷体和

léi máo zǔ chéng
雷锚组成。

➤ 水下拆雷训练

小档案

水雷最早是由中
国人发明的。最早的水
雷被用于打击当时侵
扰中国沿海的倭寇。

59

鱼雷

鱼雷是一种能在水中自航、自控和自导，爆炸并毁伤目标的水中武器。现代鱼雷具有速度快、航程远、隐蔽性好、命中率高和威力大等特点，可以说是"水中导弹"。

"撑杆雷"

鱼雷的前身是一种诞生于19世纪初的"撑杆雷"，撑杆雷用一根长杆固定在小艇艇艏，海战时小艇冲向敌舰，用撑杆雷撞击炸毁敌舰。

从战舰上发射的鱼雷

装置

　　yú léi léi shēn xíng zhuàng sì zhù xíng　tóu bù chéng bàn yuán xíng　yǐ
鱼雷雷身形状似柱形，头部呈半圆形，以
bì miǎn háng xíng shí zǔ lì tài dà　　tā de qián bù wéi léi tóu　zhuāng yǒu zhà
避免航行时阻力太大。它的前部为雷头，装有炸
yào hé yǐn xìn　zhōng bù wéi léi shēn　zhuāng yǒu dǎo háng jí kòng zhì
药和引信；中部为雷身，装有导航及控制
zhuāng zhì　　hòu bù wéi yú wěi　zhuāng yǒu fā dòng jī hé
装置；后部为鱼尾，装有发动机和
tuī jìn qì děng dòng lì zhuāng zhì
推进器等动力装置。

→ 潜艇正在发射鱼雷

动力系统

　　yú léi de dòng lì　xì tǒng néng yuán fēn bié wéi rán qì hé diàn lì děng
鱼雷的动力系统能源分别为燃气和电力等。
gēn jù bù tóng de xū yào　yú léi fēn wéi dà　zhōng　xiǎo zhǒng lèi xíng
根据不同的需要，鱼雷分为大、中、小3种类型。

小档案

　　鱼雷的破坏力很大，它主要破坏舰艇的水中部位，使其失去战斗力。

↑ 美国海军队员正在装填鱼雷

火 炮

炮是一种传统的常规作战武器，广泛应用于各军兵种的作战部队。自问世以来，火炮已经形成了多种具有不同特点和不同用途的体系，成为战争中火力作战的重要手段。

战争之神

形象地说，火炮就是一种放大了的枪，它靠火药的燃气压力抛射弹丸，口径等于或大于20毫米。它是炮兵装备的重要组成部分，素有"战争之神"的美誉，是克敌制胜的重要武器。

加农炮

加农炮是一种身管较长、弹道平直低伸的野战炮。它最早起源于14世纪，到16世纪时，欧洲人便开始把这种身管较长的炮称为加农炮。

★ 加农炮

迫击炮

迫击炮具有弹道弯曲、射速快、威力大、重量轻、体积小、结构简单、易于操作等特点，适合步兵在较复杂地形和恶劣气候条件下使用。

▲ 迫击炮

自行火炮

世界上第一门具有装甲防护的炮塔式自行火炮是由德国人制造的。

▲ 自行火炮

榴弹炮

榴弹炮是一种身管较短、弹道比较弯曲、适合打击隐蔽目标和地面目标的野战炮。榴弹炮弹道较弯曲，弹丸的落角很大，几乎沿垂直方向下落，因而弹片可以均匀地射向四面八方。

小档案

榴弹炮是地面炮兵的主要炮种之一。早在17世纪，欧洲就有了榴弹炮。

▲ 榴弹炮

AS90式自行榴弹炮

<ruby>AS</ruby>90自行榴弹炮是英国现役的主力自行火炮，于1992年开始装备部队。1997年，宇航公司改进AS90，并为它起名为"勇敢的心"。改进后的AS90成为灵活性很强的榴弹炮，能平稳地驶过起伏的地形。

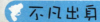
不凡出身

20世纪70年代末，英国陆军强烈要求装备一种性能先进的自行火炮。很快，一家公司的样车便在竞标中力压群雄，被正式定名为AS90自行榴弹炮。

AS90式自行榴弹炮

小档案

AS90特殊的车体，使得它可以在沙漠这类极其恶劣的环境下作战。

伊拉克战争中的AS90式自行榴弹炮

AS90自行榴弹炮刚一出世，就遇到了身管口径过时的尴尬。身管口径是指榴弹炮的身管长度是火炮口径的多少倍，倍数越大，火炮的身管就越长，火炮的射程因此也就越大。

巧妙化解

根据上述原理，高瞻远瞩的设计师在设计时采取了模块化的设计原理，为炮塔处留下了较大的空间，从而使该炮可以在不做任何车体变更的情况下换装为52倍的火炮。

AS90式自行榴弹炮能在极其恶劣的环境下作战。

不断更新

1997年，维克斯公司继续对AS90自行榴弹炮进行了改进。该炮的炮塔上部涂有专门的隔热层，这是一种能够反射太阳光的金属漆，可以防止金属发烫。

M109A6 式自行榴弹炮

M109是第一种采用铝合金车体和旋转炮塔的自行榴弹炮，它不仅是现代机械化炮兵的先驱，也是自第二次世界大战之后生产数量最多、装备数量最多、服役时间最长的自行榴弹炮。

主要特征

M109自行榴弹炮摒弃了过去美军自行火炮多以现役或二线主战坦克底盘改造而成的传统，采用通用汽车公司研制的动力前置、炮塔战斗室靠后的专用底盘。

小档案

M109一改自行火炮固定式炮塔的做法，其炮塔可做360°旋转。

◀ M109自行榴弹炮炮塔为全封闭结构，可在生、核、化条件下作战。

重大改进

M109 自行榴弹炮的重大改进是利用了信息化技术。它采用先进火力支援指挥与控制系统，不仅可以接收并处理来自外部的大量信息，还能自动计算出精确的射击参数。

↑ M109 可以在 60 秒内完成从接收射击命令到开火的一系列动作。

超大炮塔

M109 自行榴弹炮拥有一个铝合金装甲焊接而成的大炮塔，炮塔两侧各有一扇供乘员出入和补充弹药的长方形舱门。此外，其后部还设有专用于补充弹药的双扇大舱门。

导航系统

M109 自行榴弹炮装备有车载全球定位导航系统，从行军状态到发射完第一发炮弹用时不会超过一分钟，然后就会立即转移到300米以外的安全地点继续战斗。

↑ M109 自行榴弹炮

M224 型迫击炮

在伊拉克战争中，美英军队的一些高技术武器虽然立下了汗马功劳，但是对于身处前线的普通士兵来说，有时候迫击炮这一类简单便宜的"低端武器"反而显得更加实用。

诞生经过

M224 式 60 毫米迫击炮是美国陆军于 1971 年开始研制的，其工程试验的完成时间是在 1972 年的 4 月。1977 年 7 月，美国正式将该迫击炮定型并命名为 M224 式。

性价比高

M224 式迫击炮的重量很轻，美国士兵甚至可以不用两脚架，直接用手扶着炮身完成射击任务。不过，该炮虽然看起来小巧玲珑，它的威力却绝对不可小觑。

M224 式 60 毫米迫击炮发射瞬间

射程远精度高

M224式60毫米迫击炮是根据81毫米中型迫击炮的战斗经验研制而成的。炮身由高强度合金钢制造，外部刻有螺纹状散热圈，两个人便可携带和操作。同时，该炮还配备激光测距仪和迫击炮计算器，因此具有射程远、精度高的特点。

自行迫击

为了适应步兵快速机动作战的要求，迫击炮逐步向自动化的方向发展。自行迫击炮不仅包括迫击炮发射管，还配有完整的全套弹药系统、操作平台以及先进的火控系统。

➡ M224式迫击炮的重量很轻，单兵操作就可完成发射任务。

小档案

单兵手提型M224炮管的后半部有散热螺纹，前半部看起来很光滑。

M163式自行高射炮

1964 年，美国开始研制 M163 式高射炮。该炮于 1968 年 8 月起正式服役，装备于混合防空炮兵营。它主要用于掩护前沿部队，对付低空飞机和武装直升机，也能对付地面轻型装甲目标。

主要优点

M163 式高射炮的射速非常高，火力密度也很大，有很强的杀伤力，其射击方式较灵活，操作也极其方便。此外，它的装甲防护性能比较好，机动能力也较强。

▶ M163 式自行高射炮

后期改进

měi guó duì   shì zì xíng
美国对 M163 式自行

gāo shè pào de huǒ kòng xì tǒng jìn xíng
高射炮的火控系统进行

le gǎi jìn   cóng ér fā zhǎn chū le
了改进，从而发展出了

jǐ zhǒng biàn xíng pào rú zì dòng gēn
几种变型炮，如自动跟

zōng shì   huǒ shén   chǎn pǐn gǎi jìn
踪式"火神"、产品改进

shì   huǒ shén   hé huǒ kòng xì tǒng
式"火神"和火控系统

gǎi jìn shì   huǒ shén   dēng
改进式"火神"等。

▲ 装备在履带式装甲车上的M163式高射炮

小档案

自动跟踪式"火
神"主要是改进了雷
达，改进后雷达可自动
搜索。

主要缺点

shì gāo shè pào de bù zú zhī chù zài yú
M163 式高射炮的不足之处在于

qí shè chéng jiào jìn   wēi lì bù zú   zǎo qī xíng hào
其射程较近，威力不足，早期型号

bú jù bèi quán tiān hòu zuò zhàn de néng lì
不具备全天候作战的能力。

特征应用

shì zì xíng gāo shè pào shì liù guǎn zhuǎn
M163 式自行高射炮是六管转

guǎn shì shēn guǎn   tōng cháng pèi bèi de shì yuán xíng de
管式身管，通常配备的是圆形的

pào kǒu gū   gāi pào pào tǎ de dǐng bù shì kāi fàng shì
炮口箍。该炮炮塔的顶部是开放式

de   qí yuán xíng huǒ kòng léi dá tiān xiàn wèi yú huǒ pào
的，其圆形火控雷达天线位于火炮

de yòu cè   ér tā de dǐ pán tè zhēng zé tóng
的右侧，而它的底盘特征则同 M113

zhuāng jiǎ shū sòng chē yí yàng
装甲输送车一样。

▲ M163A1 的火炮是六管联装的
M168 式 20 毫米机载机关炮。

M270式火箭炮

　　M270不仅是美国陆军现役最先进的多管自行火箭炮，也是多国参与研制的一种压制武器。该炮于1981年研制成功，并于1983年正式交付给美军，现已经装备在了北约部队。

诞生背景

　　鉴于多管自行式火箭炮强大的地面杀伤力，20世纪70年代以后，以美国为首的北约国家认识到，自行式火箭炮有着不可替代的作用。就这样，新型的M270自行式火箭炮便诞生了。

小档案

M270的遥控发射装置可以使炮手在远距离的位置上进行发射。

▼ 多管自行火箭炮

主要特征

M270 由履带发射车、发射箱、火控系统和供弹车组成，其中，发射车采用了 M2 "布雷德利" 战车底盘。而发射箱则可保存 10 年之久，这大大缩短了射击准备的时间。

▼ M270 式火箭炮

力量中坚

M270 的改进型中，最重要的是 M270-6 型，它既可以发射火箭弹，又能发射陆军战术导弹。在 1991 年的海湾战争中，M270 共发射了 35 发陆军战术导弹。

▶ 正在发射的 M270
多管火箭炮

无情"钢雨"

"钢雨" M270 式火箭炮具有射程远、反应速度快和自动化程度高的特点。在海湾战争中，共有 201 门 M270 式火箭炮投入使用。因此，伊拉克士兵有 "不怕战斧怕钢雨" 之说。

航 炮

航炮又称航空机关炮，口径在20毫米以上，是安装在飞机上的一种自动射击武器。1916年，法国首先在飞机上安装了37毫米的航炮，经过两次大战的洗礼，航炮得到了迅速发展。

航炮

分类

航炮按照工作原理分类，有炮管后坐式、导气式、转膛导气式、加特林转管式和链式等。

现代航炮

现代航炮主要有单管转膛炮、双管转膛炮和多管旋转炮等。所谓转膛炮就是弹膛旋转的火炮。

小档案

一位飞行员曾经驾驶同一架飞机，用航炮击落了敌机 352 架。

▲ "复仇者"航炮

空中格斗

世界空战史上发生的第一次空中格斗，是 1911 年在墨西哥上空使用 7.62 毫米手枪进行的空中射击。之后又发展了 20 多种不同口径的机枪和机炮，最大已发展到 105 毫米。在现代条件下，飞机携载的航炮主要用于近距离格斗。

▼ M61A1 航炮

航炮的威力

由于航炮体积小、重量轻、射速快、弹丸初速高、威力大，很快就成为主要的机载武器，并在第二次世界大战中发挥了重要的作用。

舰 炮

舰炮是海军最古老的传统型舰载武器，在 20 世纪水雷、鱼雷、舰载机、导弹等武器出现前，它曾是海军威力的象征，是海军舰艇上最重要的作战兵器。

舰炮的分类

舰炮种类较多，有单管和多管；口径有大口径、中口径和小口径。在一般舰艇上，口径最大并担任主要作战任务的舰炮叫主炮；口径较小、担负辅助任务的舰炮叫副炮。

MK45 型舰炮

作战任务

为提高军舰的生存能力，舰炮必须实施对舰作战及扩大舰对舰导弹攻击后的毁伤效果，制止高速快艇的多方位进攻。

▲ 驱逐舰上的 Mk38 MOD 2 舰炮

舰炮的使命

21世纪，各国海军仍将在主要作战舰艇上 装备各种类型的大、中口径现代化舰炮。与一次使用的昂贵导弹相比，舰炮的作战应变能力好，可全天候持续发射，其火力强度及准确率也比较高。

◆ 舰炮的口径范围从20毫米（美国海军密集阵防空炮）到460毫米（日本"大和"号战列舰）都有。

导弹

导弹是"导向性飞弹"的简称，它是依靠自身动力装置推进，由制导系统导引其飞行路线，并导向目标的武器，通常由弹头、弹体结构系统、动力装置推进系统和制导系统等组成。

导弹之父

冯·布劳恩是人类导弹技术的开创者，他于1936年开始研究导弹技术，并建立了自己的生产基地，使得德国成为早期导弹的发祥地。

↑ V-1导弹模型

↑ 冯·布劳恩

早期导弹

第二次世界大战后期，德国首先在实战中使用了V-1和V-2导弹。有了导弹的帮忙，德国成功地从欧洲西岸隔海轰炸了英国。

制导方式

导弹的制导通常分为两类，一种是讯号传送媒体的不同，如：有线制导、雷达制导、红外制导、激光制导、电视制导等。另外一种分类是导弹的制导方式的不同，如：惯性导引、乘波导引、主动导引和指挥至瞄准线导引等。

← 导弹发射瞬间

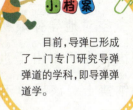

小档案

目前，导弹已形成了一门专门研究导弹弹道的学科，即导弹弹道学。

导弹家族

导弹拥有一个庞大的家族，不但种类繁多，多达800种，而且分类方法也多种多样。按飞行方式，分为弹道导弹和巡航导弹；按作战任务的性质，分为战略导弹和战术导弹；按发射点和目标，又可分为地地导弹、地空导弹、空地导弹、空空导弹、潜地导弹、岸舰导弹等。

对地导弹

空对地导弹是从飞行器上发射攻击地（水）面目标的一种导弹，它是现代航空兵进行空中突击的主要武器之一。该导弹主要是由弹体、制导装置和动力装置等部分组成的。

早期原型

空对地导弹最初是航空火箭与航空制导炸弹相结合而形成的。德国首先研制出了世界上第一枚空对地导弹，它的主要设计者是瓦格纳博士。该导弹于1940年12月7日发射试验成功。

首建功勋

1943年8月27日，德国飞机发射 HS 293A-1击沉了美国"白鹭"号护卫舰，这是世界上首次用导弹击沉敌舰的战例。20世纪50年代之后，空对地导弹有了迅速的发展。

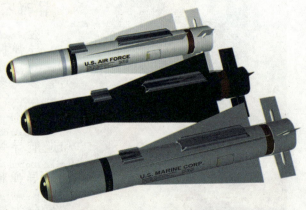

▲ 空对地导弹 AGM-65 "小牛"导弹

战略空对地导弹

zhàn lüè kōng duì dì dǎo dàn shì wèi zhàn lüè hōng zhà jī děng yuǎn jù lí tū fáng ér yán zhì de yì zhǒng jìn
战略空对地导弹是为战略轰炸机等远距离突防而研制的一种进

gōng xìng wǔ qì zhǔ yào yòng yú gōng jī zhèng zhì zhōng xīn jīng jì zhōng xīn jūn shì zhǐ huī zhōng xīn gōng
攻性武器，主要用于攻击政治中心、经济中心、军事指挥中心、工

yè jī dì hé jiāo tōng shū niǔ děng zhòng yào zhàn lüè mù biāo
业基地和交通枢纽等重要战略目标。

F-20 发射小牛空对地导弹

按用途分，对地导弹有战略空对地导弹和战术空对地导弹之分。

从直升机上发射的对地导弹

yǔ háng kōng zhà dàn háng kōng
与航空炸弹、航空

huǒ jiàn dàn děng wǔ qì xiāng bǐ kōng
火箭弹等武器相比，空

duì dì dǎo dàn jù yǒu jiào gāo de mù biāo huǐ shāng gài lǜ cǐ wài tā de jī dòng xìng qiáng yǐn bì xìng
对地导弹具有较高的目标毁伤概率。此外，它的机动性强，隐蔽性

hǎo néng cóng dí fāng fáng kōng wǔ qì shè chéng yǐ wài fā shè kě yǐ jiǎn shǎo dì miàn fáng kōng huǒ lì duì zài
好，能从敌方防空武器射程以外发射，可以减少地面防空火力对载

jī de wēi xié
机的威胁。

防空导弹

防空导弹又称地对空导弹，是指从地面发射攻击空中目标的导弹，它最主要的任务就是防守天空。由于这种导弹命中精度高、摧毁威力大、覆盖面广，因而日益成为地面防空的主要武器。

独特之处

与高炮相比，防空导弹的射程更远、射高更大、单发命中率也更高；与截击机相比，防空导弹的反应速度较快、火力更加猛烈、威力也更大。

战后发展

第二次世界大战后，美国、苏联、英国等国相继开始发展防空导弹，从此引发了一场导弹研究热潮。目前，防空导弹已经繁衍成为一个非常庞大的家族谱系，形成了高、中、低空等防空导弹系列。

小档案

"爱国者"是美国研制的多用途地空战术导弹，属于美国第四代导弹。

苏联大型SA-5防空导弹

严防密守

防空导弹可以不受目标速度和高度的限制，总是能将敌机一步步逼上绝路。因此，在它的严密防范和打击之下，很少会有漏网之鱼。

"爱国者"

在当今世界的防空导弹中，名气最大的当属美国的"爱国者"防空导弹。此外，该导弹也是当今西方国家装备的主流防空导弹。它是美国研制的一种全天候、全空域防空导弹。

▲ 防空导弹

声名鹊起

在1991年的海湾战争中，"爱国者"防空导弹声名鹊起，伊拉克发射的"飞毛腿"导弹有80%是被它成功拦截的。

▲ 防空导弹发射瞬间

战略导弹

战略导弹是战略武器的主要组成部分,它主要用于打击政治和经济中心、军事和工业基地等目标。战略导弹是衡量一个国家战略核力量和军事科学技术综合发展能力的主要标志之一。

组成部分

战略导弹主要由弹体、动力装置、制导系统和弹头等组成,其弹体通常选用强度高的金属及复合材料制成,而动力装置则通常采用固体或液体火箭发动机。

研发背景

白杨战略导弹

第二次世界大战后,美国和苏联在德国 V-1 和 V-2 导弹的基础上,开始研发战略导弹。美国率先重点研制战略巡航导弹,并先后成功研制出"斗牛士""鲨蛇"等导弹。

战略巡航导弹

zhàn lüè xún háng dǎo dàn de shè chéng tōng cháng zài
战略巡航导弹的射程通常在600
qiān mǐ yǐ shàng　　zhǔ yào zhuāng bèi zài měi guó hé é luó
千米以上，主要装备在美国和俄罗
sī děng guó jiā　　xīn yí dài xún háng dǎo dàn duō cǎi yòng mó
斯等国家。新一代巡航导弹多采用模
shì huà duō yòng tú shè jì fāng àn　　shǐ tā kě yǐ dān fù
式化多用途设计方案，使它可以担负
zhàn lüè hé zhàn shù de shuāng chóng rèn wu
战略和战术的双重任务。

 小档案

战略导弹通常射
程在 1000 千米以上，
携带有核弹头或常规
弹头。

▲ 民兵 2 战略导弹

▶ 潘兴 II 战略导弹
发射瞬间

战略弹道导弹

gēn jù shè chéng　　zhàn lüè dàn dào dǎo dàn kě fēn wéi zhōu
根据射程，战略弹道导弹可分为洲
jì dǎo dàn　　yuǎn chéng dǎo dàn hé zhōng chéng dǎo dàn　　rú jīn
际导弹、远程导弹和中程导弹。如今，
zhàn lüè dàn dào dǎo dàn yǐ fā zhǎn dào dì wǔ dài　　bìng tí gāo
战略弹道导弹已发展到第五代，并提高
le dǎo dàn de mìng zhòng jīng dù　　shēng cún néng lì hé cuī huǐ yìng
了导弹的命中精度、生存能力和摧毁硬
mù biāo de néng lì
目标的能力。

弹道导弹

<ruby>弹<rt></rt></ruby>道导弹是指在火箭发动机推力作用下按预定程序飞行，发动机关闭后按自由抛物体轨迹飞行的导弹。弹道导弹通常没有翼，在烧完燃料后只能保持预定的航向不可改变，其后的航向则由弹道学法则支配。

分类

弹道导弹按作战使用，可分为战略弹道导弹和战术弹道导弹；按发射点与目标位置，分为地地弹道导弹和潜地弹道导弹；按射程，分为洲际、远程、中程和近程弹道导弹；按使用推进剂，分为液体推进剂和固体推进剂弹道导弹；按结构，分为单级和多级弹道导弹。

小档案

许多先进的弹道导弹由多级火箭推进，它们的轨道也能在一定范围内进行调整。

"三叉戟" Ⅱ潜射洲际弹道导弹

弹道导弹的弹道

^{dàn dào dǎo dàn de zhěng gè dàn dào fēn wéi liǎng gè jiē duàn zhǔ dòng}
弹道导弹的整个弹道分为两个阶段：主动
^{duàn hé bèi dòng duàn zài zhǔ dòng duàn dǎo dàn zài fā dòng jī de tuī lì}
段和被动段。在主动段，导弹在发动机的推力
^{zuò yòng xià huò dé yí dìng de sù dù zài bèi dòng duàn dǎo dàn yǐ fā}
作用下获得一定的速度；在被动段，导弹以发
^{dòng jī guān jī hòu gěi dìng de sù dù hé fēi xíng gāo dù zuò guàn xìng fēi xíng}
动机关机后给定的速度和飞行高度作惯性飞行。

美国民兵洲
际弹道导弹

主要特点

^{dàn dào dǎo dàn de zhǔ yào tè diǎn shì dǎo dàn}
弹道导弹的主要特点是：导弹
^{wú dàn yì yán zhe yì tiáo yù xiān què dìng de fēi xíng}
无弹翼，沿着一条预先确定的飞行
^{guǐ jì fēi xíng tōng cháng cǎi yòng chuí zhí fā shè dàn}
轨迹飞行，通常采用垂直发射，弹
^{tǐ hé dàn tóu zhī jiān cǎi yòng fēn lí shì jié gòu}
体和弹头之间采用分离式结构。

世界上第一种弹道导
弹是德国研制的 V-2 火
箭，它也是第一种投入实
际使用的弹道导弹。

实战表现

^{shì jiè shàng shǒu cì yòng yú shí zhàn de dé guó dǎo dàn}
世界上首次用于实战的德国V-2导弹
^{shì yì zhǒng dì duì dì dàn dào dǎo dàn shè chéng wéi qiān mǐ}
是一种地对地弹道导弹，射程为320千米，
^{mìng zhòng jīng dù wéi mǐ}
命中精度为4000 ~ 8000米。

炮弹

pào弹是供火炮发射的弹药。它是火炮系统完成战斗任务的主要核心部分。它广泛配用于地炮、高炮、航空机关炮、舰炮、坦克炮等武器，能毁伤各种目标，完成各种战斗任务。

用途分类

炮弹按用途分为主用弹、特种弹和辅助弹。主用弹是直接毁伤目标的炮弹，如杀伤弹、爆破弹、穿甲弹、燃烧弹、化学弹、榴霰弹等；特种弹是利用特殊效应达到特定战术目的的炮弹，如发烟弹、照明弹、干扰弹、电子侦察弹等；辅助弹是部队训练和靶场试验等非战斗使用的炮弹，如演习弹、教练弹，以及各种试验弹等。

▲ 烟雾弹

▲ 发射后的烟雾弹放出紫色的烟雾。

配用炮种

pào dàn àn pèi yòng pào zhǒng kě fēn wéi jiā nóng pào dàn liú dàn pào dàn tǎn kè pào
炮弹按配用炮种可分为加农炮弹、榴弹炮弹、坦克炮
dàn háng kōng pào dàn gāo shè pào dàn hǎi àn pào dàn jiàn pào pào dàn pǎi jī pào
弹、航空炮弹、高射炮弹、海岸炮弹、舰炮炮弹、迫击炮
dàn hé wú zuò lì pào dàn děng
弹和无坐力炮弹等。

→ 榴弹炮弹

小档案

药筒分装式炮弹
发射时先装弹丸再装
发射弹药,发射速度比
较慢。

▲ XM25 榴弹发
射器的穿甲弹药

▲ 460 毫米 91
式穿甲弹

GMLRS 火箭弹

huǒ jiàn dàn shì duō guǎn huǒ jiàn pào dàn yào xì liè de
GMLRS 火箭弹是多管火箭炮弹药系列的
zuì xīn wǔ qì shì yì zhǒng quán tiān hòu jīng què zhì dǎo huǒ
最新武器。GMLRS 是一种 全天候精确制导火
jiàn dàn yǔ pǔ tōng duō guǎn huǒ jiàn dàn xiāng bǐ tā de jīng què dù
箭弹,与普通多管火箭弹相比,它的精确度
xiǎn zhù tí gāo tóng shí jiǎn shǎo le jiàn jiē sǔn shāng tí gāo le zhàn
显著提高,同时减少了间接损伤,提高了战
chǎng zhǐ huī rén yuán de jīng què xìng hé jī dòng xìng
场指挥人员的精确性和机动性。

▲ GMLRS 火箭弹的
制导和飞控装置

原子弹

利用铀-235或钚-239等重原子核裂变反应，瞬时释放出巨大能量的核武器，就是原子弹。原子弹有巨大的破坏作用，还能造成大面积的放射性污染。

杀伤武器

原子弹是一种威力很大的杀伤性武器，它的杀伤力表现在光辐射、冲击波、放射性辐射和放射性污染。世界上第一颗原子弹是1945年7月美国制造的。1964年10月16日，中国第一颗原子弹爆炸成功。

放射性污染

原子弹爆炸时，本身的碎片带有大量的放射性同位素。这些放射性同位素随同尘埃、空气飘落到地面形成放射性污染，通过接触、呼吸、食物潜入人体，使人丧失各种能力，直到慢慢死亡。

被原子弹夷为平地的长崎

原子弹的组成

yuán zǐ dàn zhǔ yào yóu yǐn bào kòng zhì xì tǒng　zhà yào　fǎn shè céng　hé zhuāng liào zǔ chéng de hé
原子弹主要由引爆控制系统、炸药、反射层、核装料组成的核

bù jiàn　hé diǎn huǒ bù jiàn hé dàn ké děng jié gòu bù jiàn zǔ chéng
部件、核点火部件和弹壳等结构部件组成。

↑ "胖子"原子弹模型

小档案

人类历史上真正将原子弹用于战争只有一次,那就是1945年美国用原子弹轰炸日本。

▶原子弹爆炸后产生的蘑菇云

革新与发展

zì　　　　nián yǐ lái　yuán zǐ
自1945年以来,原子

dàn jì shù bú duàn fā zhǎn　 tǐ jī
弹技术不断发展,体积、

zhòng liàng xiǎn zhù jiǎn xiǎo　 jì shù xìng
重量显著减小,技术性

néng rì yì tí gāo　 cǐ wài　 tí
能日益提高。此外,提

gāo yuán zǐ dàn de tū fáng hé shēng
高原子弹的突防和生

cún néng lì yǐ jí ān quán xìng néng
存能力以及安全性能,

yě　rì yì shòu dào zhòng shì
也日益受到重视。

氢　弹

dàn shì lì yòng zài jí gāo wēn dù xià qīng hé jù biàn shì fàng chū dà liàng de néng liàng

氢弹是利用在极高温度下氢核聚变释放出大量的能量

zhì chéng de shā shāng lì jí dà de hé wǔ qì zài xiàn dài hé wǔ kù zhōng qīng

制成的杀伤力极大的核武器。在现代核武库中，氢

dàn zhàn yǒu zhòng yào de dì wèi

弹占有重要的地位。

宇宙的启示

qīng dàn de yán zhì zhǔ yào lái yuán yú duì tài yáng jí qí tā

氢弹的研制主要来源于对太阳及其他

xīng qiú néng yuán de qǐ shì kē xué jiā men fā xiàn yǔ zhòu

星球能源的启示。科学家们发现，宇宙

zhōng zhè xiē xīng qiú shì tōng guò rán shāo qīng de liǎng zhǒng tóng wèi sù

中这些星球是通过燃烧氢的两种同位素

dāo hé chuān lái tí gōng néng liàng de dāo hé chuān zài shù yì dù

氘和氚来提供能量的，氘和氚在数亿度

de gāo wēn xià néng gòu fā shēng jù liè de jù biàn fǎn yìng shì

的高温下能够发生剧烈的聚变反应，释

fàng chū dà liàng de néng liàng bìng xíng chéng hài

放出大量的能量并形成氦。

美国"氢弹之父"爱德华·特勒

威力巨大的氢弹

小档案

世界上第一颗氢弹
爆炸是 1954 年实现的。
我国于 1967 年成功地
爆炸了第一颗氢弹。

组成结构

在一个封闭的弹壳中，有两个主要部分：一个是聚变物质，一般主要用固态的氘化锂和氚化锂的混合物，它是氢弹的燃料，氢弹的巨大能量由这里产生；另一部分是引爆装置，它的作用是产生高温高压，使聚变物质发生聚变。氢弹的引爆装置是一颗特制的原子弹，它所用的材料和原理与原子弹相同。

↑ 1952 年 11 月 1 日，美国氢弹试验装置"迈克"在太平洋的恩尼威托克岛上爆炸。

巨大威力

氢弹是一种比原子弹威力更大的超级弹。事实上，氢弹的引爆装置即是一颗小型原子弹，原子弹爆炸后产生的超高温使其中的热核材料发生聚变，从而释放出巨大的能量，引起猛烈的爆炸。

U-2侦察机

有"间谍幽灵"之称的 U-2 侦察机是美国在 20 世纪 50 年代研制成功的，它是当时世界上最先进的空中侦察机。作为一种专用的远程高空侦察机，U-2 的飞行高度在 2 万米以上。

研发背景

20世纪50年代初，东西方之间的对抗开始了。由于传统的情报收集手段逐渐不能满足要求了，所以，一种新型高空侦察机的诞生就显得非常迫切。

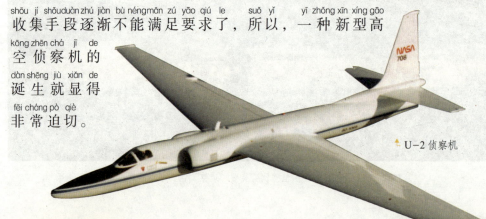

▲ U-2 侦察机

U-2 前身

1954 年 4 月，洛克希德公司高级研发中心向美国国防部递交了研制新型高空侦察机的报告，并极力推荐工程师凯利·约翰逊提出的 CL-282 项目方案，这就是 U-2 侦察机的前身。

身怀绝技

作为一种间谍飞机，U-2 有两个绝技：一是飞得高，它因而一度被认为是无法击落的；二

U-2 只要飞行 12 次，就足可以拍摄到全美国的各个角落。

是谍报本领强，它不仅可进行照相侦察，还可以进行电子侦察。

巧妙设计

为了减轻重量，U-2 在制造上采用了很多滑翔机技术，机翼内部载有大部分燃油，每一边的机翼下还装有一个钛金属制的滑橇，目的是为了在着陆时保护机翼。

小档案

为了能够执行长距离的飞行任务，U-2 不得不携带大量的航空燃料。

光荣复命

1962 年 8 月，美国当局获得了苏联可能在古巴建立地对空导弹的阵地的消息，于是中央情报局立即派出 U-2 进行查证。最后，U-2 在古巴西部发现了苏联正在修建的核导弹基地。

U-2 侦察机正在起飞

SR-71 "黑鸟" 侦察机

SR-71 "黑鸟" 侦察机有一个非常奇特的外形，它全身都是黑色的，两个三角形的翅膀横插在机身的尾部，每个发动机上还高高撅起个"小尾巴"，远远看去就像一只"黑天鹅"。

研制设想

SR-71 "黑鸟" 的研制是美国空军和洛克希德·马丁公司于1959年开始实施的一项计划。起初，这个计划的目的是设计一种能够在20 000米以上高空进行高速拦截的战斗机。

正式诞生

1962年，原计划的第一架试验机A-11试飞，但该机的技术条件不够成熟，美军就放弃了它。A-11的优秀性能使美军决定将其改进，于是，SR-71 "黑鸟" 诞生了。

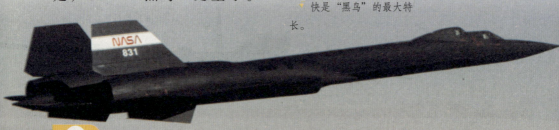

快是"黑鸟"的最大特长。

→SR71"黑鸟"侦察机是第一架采用隐形设计的飞机。

小档案

之所以将SR-71外形设计得很奇怪,是为了满足其高速的需求。

新的突破

SR-71是第一种成功突破"热障"的实用型喷气式飞机。所谓的"热障",是指当飞机的速度快到一定程度时,它会与空气摩擦产生大量热量,从而威胁到飞机的安全。

空中神话

SR-71"黑鸟"是世界上飞得最快的军用飞机,它的最快速度可达3529千米/小时。凭借如此高的速度,它曾创造了在执行任务过程中未被击落一架的神话。

RQ-4A "全球鹰"无人机

RQ-4A "全球鹰"无人机是美国空军乃至全世界最先进的无人机。它的体型庞大,相貌不凡,自主飞行时间长达41个小时,可以完成跨洲际飞行,也可以在目标区上空停留24小时进行连续侦察监视。

主要优点

无人机是一种以无线电遥控或由自身程序控制为主的不载人飞机。与载人飞机相比,无人机具有体积小、造价低、使用方便、对作战环境要求低、战场 生存能力较强等优点。

"全球鹰"无人机

无上荣耀

2003 年 8 月,美国联邦航空管理局向美国空军颁发了国家授权证书,允许其"全球鹰"无人机系统在国内领空实施飞行任务,这使"全球鹰"成为美国第一种获此殊荣的无人机系统。

越洋创举

2001年4月22日，"全球鹰"完成了从美国到澳大利亚的越洋飞行创举。在这之前，即便是有人驾驶的飞机，也只有少数几架能跨越太平洋。

小档案

"全球鹰"承载能力有限，所以一旦被敌方战机锁定，还是会被击落。

RQ-4A 在飞行试验中，达到了19850 米的飞行高度，打破了喷气动力无人机续航 31.5 小时的任务飞行纪录。这项纪录曾被保持了 26 年之久。

主要缺点

"全球鹰"也存在一些缺点：例如飞行速度与高速战斗机比起来，难以逃脱高速战斗机的追击；尽管它采用了隐身技术，但喷气发动机工作时仍会产生一定的红外辐射信号。

"全球鹰"有效载荷只有 900 千克，携带装备的能力非常有限。

A-10 "雷电" 攻击机

攻击机家族里的 A-10 "雷电" 并不像它的名字那样凶悍无比。它是当今世界上最完美的攻击机之一,主要用于攻击坦克群、战场上的活动目标以及重要火力点。

"坦克杀手"

A-10 "雷电" 攻击机的特点是起、降滑跑距离短,出动迅速,载弹量较大。它那独特的外形和装甲赋予了自身强大的生存能力,加上强大的火力,使其成为了 "空中的坦克"。

小档案

"雷电" 在海湾战争中出色的表现,为其赢得了 "坦克杀手" 的美称。

A-10 攻击机是目前美国空军的主力近距离支援攻击机。

设计性能

A-10 "雷电" 从开始设计时就被确定为亚音速飞机。由于战术攻击作战并不需要太大的速度，亚音速的飞行更能提高对小目标的攻击命中率。

▲ A-10攻击机发射导弹瞬间

扬威战场

1991年的第一次海湾战争中，144架 "雷电" 机群执行了将近8 100次任务，一共摧毁了伊拉克1 000辆以上的坦克、2 000辆其他战斗车辆以及1 200个火炮据点。

最大问题

A-10 "雷电" 最大的问题就是航电设备比较简陋。此外，与战斗机相比，它具有机动性差、机体重量大、速度慢等弱点。

➡ A-10编队飞行

F-15 "鹰" 战斗机

F-15 "鹰" 战斗机是全天候、高机动性的战术战斗机，它是美国空军现役的主力战机之一。该机是由1962年展开的F-X计划发展而来的，1974年首架量产机交付美国空军使用，直到现在。

成员众多

F15家族成员众多，F15A型是单座战斗机；B型是由A型改进的双座教练机；C型是增加了载油量的A型改进型；D型则是C型的双座教练机；E型是战斗轰炸机。

小档案

F-15的设计是为了对付苏联的米格25战斗机，但在实战中，它却从来没有和米格25交过手。

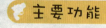

▲ F-15D型机

主要功能

F-15 "鹰" 既可用于夺取战区制空权，也可对地面目标进行攻击。与美国第二代喷气式战斗机相比，F-15最大的改进是具有高度的机动性和加速性能。

F-15A 型机

本领高超

F-15"鹰"不仅能作高空高机动飞行和转场飞行，也能单人操纵投放各种武器。此外，该机还可以近距离格斗，野战自助能力强，并具有雷达下视能力。

航电系统

F-15"鹰"具有多功能的航电系统，该系统包含了抬头显示器、先进的雷达、惯性导航系统、飞行仪表、超高频通讯、战术导航系统与仪器降落系统。

携弹能力

F-15"鹰"能够携带 AIM-7"麻雀"空空导弹、AIM-9"响尾蛇"空空导弹和 AIM-120 先进中程空空导弹。在右侧进气道外侧，还有一座 M61A1 火神机炮。

F15E 型机

F－16 "战隼" 战斗机

F－16 "战隼" 战斗机不仅是美国空军装备的第一种多用途战斗机，也是世界上使用最广泛的一种作战飞机。该战斗机正式被投入使用的时间为1979年，到现在已经服役30余年。

大量外销

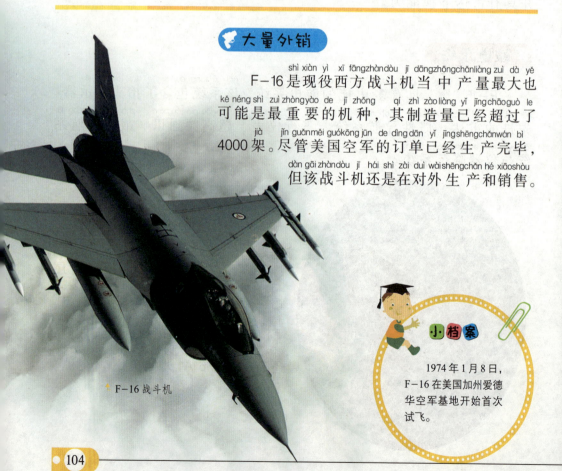

F－16是现役西方战斗机当中产量最大也可能是最重要的机种，其制造量已经超过了4000架。尽管美国空军的订单已经生产完毕，但该战斗机还是在对外生产和销售。

F－16战斗机

小档案

1974年1月8日，F－16在美国加州爱德华空军基地开始首次试飞。

开阔视野

一般的战斗机都是飞行员乘坐在机身的高处，这样他们看座舱罩的视野就被限制了。然而，F-16"战隼"机舱却拥有泡状座舱罩，它能给飞行员很理想的视野范围。

F-16是世界上第一架在设计上采取空气动力上不稳定的飞机。

便于操作

F-16"战隼"机的坐椅是30°斜躺的，更符合人体工学；它的飞行控制杆安装在右手边上，而不是传统的在两腿之间。这些都大大地方便了飞行员的操作。

美丽外观

据说，F-16"战隼"的外形是从50多种方案中挑选出来的。它采用悬臂式的中单翼，平面几何形状呈三角形，前缘的襟翼还可以随着飞行速度的变化自动下偏以改变机翼弯度。

F-16战机的外形非常漂亮。

F/A-18 "大黄蜂" 战斗机

在战斗机界有一个叫"大黄蜂"的成员，这个大黄蜂相当厉害，一般称之为F/A-18战斗机。该战斗机于1978年11月进行了首飞，并于1980年5月开始装备美国海军。

"二合一"

美国海军最初计划研制两种单座型的战斗机，即执行空战任务的F-18和执行攻击任务的A-18。由于这两种型号非常相似，美国海军就决定将它们统一为一种机型，称F/A-18。

小档案

无论昼夜，"夜鹰吊舱"都能正常工作，并精确指示轰炸目标。

F/A18C从航空母舰上起飞瞬间

家族庞大

F/A-18 有 YF/A-18A/B、F/A-18A、RF-18A、F/A-18B、F/A-18C 和 F/A-18D 等 6 种型别，共生产了 1137 架。其中的 150 架是双座教练型，112 架是侦察型。

可靠性高

F/A-18 的平均故障间隔时间是 F-14 的 4 倍。从首次试飞至 1993 年 9 月 17 日，F/A-18 创下了总飞行时间数 200 万小时的纪录。

F/A-18 战机

"夜鹰吊舱"

由于 F/A-18 机身的内部空间已满，所以新的电子设备只能挂在机外。美军于 1993 年 1 月开始为其安装了一种秘密电子舱，称作"夜鹰吊舱"。

夜鹰吊舱

实战表现

在 1986 年 3 月的"草原烈火"行动中，F/A-18 首次参与实战，对利比亚的岸基设备实施了打击。

F-111 "土豚"战斗机

F-111 "土豚"是世界上最早的实用型变后掠翼飞机，它曾是美国的王牌战斗机。该机的特点是航程远、载弹量大、能全天候攻击，主要用于夜间和不利气象条件下执行常规和核攻击任务。

▲ F-111F

研制背景

F-111原本是为美国空军和海军研制的，由于各自的任务要求不同，美国军方便提出研制一种既能满足空军的战术对地攻击、又能满足海军舰队防空和护航要求的通用战斗机。

正式定型

为满足不同作战要求，美国军方决定研制A、B两种型别。因此，出现了以对地攻击为主的空军型F-111A和以对空截击为主的海军型。随后，F-111便成了纯粹的空军型飞机。

配置较高

F—111"土豚"战斗机有许多高级的配置：第一是采用了整体弹射座舱；第二是有一门M61型6管机炮；第三是有一套特别的逃生装置。

小档案

1986年4月14日晚,英国的24架F—111开始长途奔袭利比亚。

↑ F—111 战机

↑ F—111C

改进型

F—111有6种改进型,分别是C型、D型、E型、F型、EF—111及FB—111。其中的C型是为澳大利亚空军生产的型别；D型和E型则是基础型的改进型。

F-117 "夜鹰"战斗机

F-117 "夜鹰"是世界上第一种隐形战斗机，它的功能非常强大，在以往的战争中创造出了许多战争神话。由于外形非常奇怪，F-117 "夜鹰"战斗机曾经多次被人看成是外星人的飞碟。

诞生背景

由于飞机在天空中飞行的目标很大，研究人员就想着要研究一种可以隐形的飞机，这样的飞机可以在天空中"隐形"作战。于是，典型的隐形机"夜鹰"就诞生了。

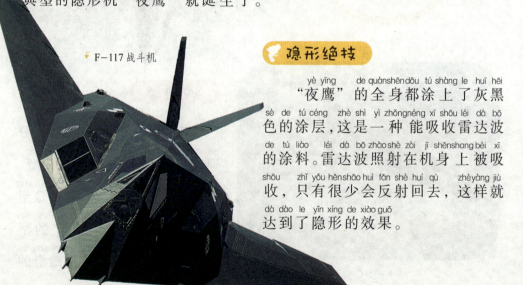

▼ F-117战斗机

隐形绝技

"夜鹰"的全身都涂上了灰黑色的涂层，这是一种能吸收雷达波的涂料。雷达波照射在机身上被吸收，只有很少会反射回去，这样就达到了隐形的效果。

战场传奇

"夜鹰"战斗机不仅会隐形，而且充满了传奇色彩。自它于1981年加入美国空军以来，无论敌机隐藏得多隐秘，或在周围设置何种防备，"夜鹰"都能将它们抓出来。

↑夜鹰F-117的武器都装在两个武器舱内，使用时才打开武器舱，这样做的目的也是为了减少雷达反射截面积，达到"隐身"的效果。

遭遇失败

由于"夜鹰"的雷达隐形涂料对波长十分敏感，因此，长波雷达侦察它的能力也就逐渐提升。1999年，美军参与了科索沃战争，"夜鹰"被派去空袭南联盟时，就被击落了。

小档案

"夜鹰"的最大速度还没超过音速，这在一流战机中几乎不存在。

↑F117的机头正对目标时雷达截面最小。

B-52 轰炸机

绰号为"平流层堡垒"的B-52轰炸机是美国空军重型亚音速战略轰炸机，它于20世纪50年代末开始服役，目前只有最新的B-52H型还在服役，可以说是标准的"老兵"了。

作战方式

B-52的作战方式从最初的高空高亚音速突防核轰炸，到越战时的中高空地毯式常规轰炸，之后是20世纪80年代的低空突防常规轰炸，再到后来的地毯式轰炸方式。

↑ B-52是目前美国战略轰炸机当中唯一可以发射巡航导弹的机种。

"数字空军"

近年来，波音公司为B-52轰炸机进行"作战网络通信技术"升级，使其融入了先进的数字通信网络，与地面指挥中心、地面部队和其他飞行平台实现了信息共享。

震撼人心

hǎi wān zhàn zhēng zhōng yǒu　　jià　　　　　tóu rù le duì yī lā
海湾战争中有68架 B-52G 投入了对伊拉

kè bù duì de hōng zhà　gòng zhí xíng le　　　cì rèn wu　　　suǒ
克部队的轰炸，共执行了1624次任务。B-52 所

tóu zhà dàn de jù dà bào zhà shēng　gěi yī lā kè jūn duì yǐ jí dà de
投炸弹的巨大爆炸声，给伊拉克军队以极大的

zhèn hàn　dà dà xuē ruò le yī jūn de shì qì hé zhàn dòu lì
震撼，大大削弱了伊军的士气和战斗力。

小档案

经美军的不断改
进和升级，B-52 的服
役年限将计划延长到
2030 年。

B-52H 具
有卫星连结能
力，可以携带几
乎所有的美军弹
械。

一大亮点

jīng guò yì fān shù zì huà shēng jí　　　　　　hōng zhà jī
经过一番数字化升级，B-52 轰炸机

chéng le měi jūn　　shù zì kōng jūn　zhōng de yí gè xīn liàng diǎn
成了美军"数字空军"中的一个新亮点。

zài cǐ jī chǔ shang　měi guó kōng jūn yòu wèi qí jiā guà　　jū jī
在此基础上，美国空军又为其加挂"狙击

shǒu　xiān jìn miáo zhǔn diào cāng　shǐ qí yōng yǒu le　jī guāng cè
手"先进瞄准吊舱，使其拥有了激光测

jù hé jīng què de dǎ jī néng lì
距和精确的打击能力。

◀ B-52 投弹情景

B-1B "枪骑兵" 轰炸机

guó xīn yí dài zhàn lüè hōng zhà jī
qiāng qí bīng de zhǔ yào zuò zhàn

美国新一代战略轰炸机 B-1B "枪骑兵" 的主要作战
fāng shì wéi dī kōng gāo sù tū fáng tā tōng guò dī kōng fēi xíng lái duǒ bì léi dá
方式为低空高速突防，它通过低空飞行来躲避雷达
de bǔ liè nián shǒu jià tóu rù xiàn yì mù qián zài yì de shù liàng
的捕猎。1986 年，首架 B-1B 投入现役，目前在役的数量
yuē wéi jià
约为 95 架。

两大法宝

néng píng jiè chāo yīn sù hé yǐn shēn liǎng dà fǎ bǎo tū pò dí fāng fáng xiàn wèi shí xiàn chāo yīn
B-1B 能凭借超音速和隐身两大法宝突破敌方防线。为实现超音
sù hé yǐn shēn wài xíng cǎi yòng le yì shēn róng hé tǐ fā dòng jī zé shōu zài yì gēn xià fāng gāi
速和隐身，B-1B 外形采用了翼身融合体，发动机则收在翼根下方，该
jī de liú xiàn xíng shè jì fēi cháng piào liang
机的流线型设计非常漂亮。

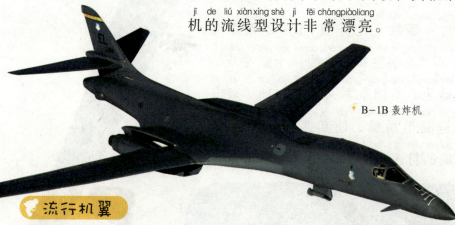

B-1B 轰炸机

流行机翼

qǐ fēi hé zhuó lù shí liǎng gè jī yì huì jìn kě néng xiàng hòu lüè zhè yàng zuò shì wèi le
B-1B 起飞和着陆时，两个机翼会尽可能向后掠，这样做是为了
suō duǎn huá pǎo jù lí dāng tā zài jǐ shí mǐ de chāo dī kōng fēi xíng shí liǎng gè jī yì jiù huì wēi wēi zhāng
缩短滑跑距离；当它在几十米的超低空飞行时，两个机翼就会微微张
kāi xiē zhè yàng de mù dì shì wèi le jiǎn qīng fēi jī de diān bǒ
开些，这样的目的是为了减轻飞机的颠簸。

震惊世界

1995年，一架B-1B从美国本土起飞，绕地球飞行一周，中间进行了4次常规轰炸，最后又飞回美国本土。这可称得上是B-1B完成的一次震惊世界的壮举。

飞行中的B-1B

作战目标

B-1B轰炸机主要用于执行战略突防轰炸、常规轰炸、海上巡逻等任务，也可作为巡航导弹载机使用。目前，B-1B还能执行近距离空中支援任务，打击机动目标和应急目标。

小档案

1999年，6架B-1B参加了科索沃战争，共执行了约100次作战任务。

B-1B驾驶舱

首次实战

1998年，美军对伊拉克实施了"沙漠之狐"打击行动。这次行动是B-1B首次参加实战，它携载常规炸弹参加了对伊拉克的第二轮轰炸行动。

B-2"幽灵"轰炸机

B-2"幽灵"不仅是目前世界上最先进的战略轰炸机，也是唯一的大型隐身飞机。B-2的隐身性能可与小型的F-117隐身攻击机相媲美，而作战能力却与庞大的B-1B轰炸机相似。

性能出众

B-2出众的隐身性能首先来自它的外形，该机机体扁平，采用翼身融合的无尾飞翼。其机翼前缘为直线，机翼后缘成双"W"形，外形像一只巨大的黑蝙蝠。

◂ B-2"幽灵"轰炸机

艰难定型

由于空军对作战飞机的性能和要求有所提高，于是，人们于1984年对B-2的主翼设计进行了重大改动。正因为多次的改进，使得飞机的设计历经了好多年才得以定型。

一架飞行中的 B-2 轰炸机

首次试验

1997年6月12日，B-2轰炸机在新墨西哥州白沙导弹靶场进行了作战试验。其中的一架 B-2 轰炸机一次投放了16颗制导炸弹，而这16颗炸弹都各自瞄准了目标群。

小档案

美空军将用下一代极高频卫星通信系统代替 B-2 双向通信设备。

首次实战

1999年3月，北约对南斯拉夫联盟共和国进行了一次空袭。在这次空袭中，他们首次动用了B-2战略轰炸机，这是这种飞机第一次用于实战。

B-2 隐形轰炸机

C-130 "大力神" 运输机

C-130 "大力神" 是按美国空军的要求制造的一种能在简易机场起降，以涡轮螺旋桨发动机为动力的战术运输机。该机也是美国最成功、最长寿和生产最多的现役运输机。

诞生时间

第二次世界大战刚刚结束，苏联和西方之间的矛盾逐渐激化，当时柏林的居民需要靠西方救援才能生存下去，这样庞大的运输行动促进了运输机的发展。

C-130的主起落架收起时处在机身左右两侧旁突起的流线型舱室内，不占用宝贵的主机身空间。

主要任务

C-130可以按照需要运送或空降人员以及空投货物，返航时也可以从战场运送伤员。经过改型后，它还可以用于高空测绘、气象探测、搜索救援、森林灭火以及空中加油等多种任务。

不同型号

　　C-130 有多种型号：C-130A 是第一种生产型；C-130B
为发展型；C-130C 是美国空军附面层控制试验机；C-130D 是
A 型的改进型，主要用于南北极地。

↑ C-130 的机舱可运载 92 名士兵或 64 名伞兵或 74 名担架伤员，以及
加油车、155 毫米口径重炮及牵引车等重型设备。

作战历史

　　海湾战争中，美国空军有 700 架 C-130
运输机及其派生型进行空运及其他作战支援
任务。科索沃战争中美空军也曾派出 C-130
运输机，担负各种中、远程战术运输任务。

小档案

C-130 是美国于
20 世纪 50 年代研制的
4 引擎中型多用途战术
运输机。

↑ C-130 释放诱饵弹瞬间

E-3 "望楼" 预警机

E-3 预警机是根据美国空军"空中警戒和控制系统"计划研制的，它具有下视能力及在各种地形上空监视有人驾驶飞机和无人驾驶飞机的能力，别名为"望楼"，一架"望楼"可以抵得上2～3个雷达团的作战能力。

小档案

有关资料显示，E-3 "望楼" 预警机的活动高度一般在8000～10000米。

"大蘑菇"

E-3背上的那个"大蘑菇"是雷达罩，该雷达罩对低空飞行目标的探测距离达320千米以上，而对于中空、高空目标的探测距离就更远了。

★ "望楼"不仅速度快，航程也非常远，最大续航时间达11.5小时。

🐾 家族成员

E-3 的主要型号有 E-3A、B、C、D4 种。其中，E-3A 为美军的首批生产型。它的机载设备可分成搜索雷达、敌我识别器、数据处理、通信、导航与导引、数据显示与控制等 6 个部分。

🐾 主要功能

E-3 能将收集到的战场信息实时传送给不同的部队，这些信息包括敌机敌舰和友机友舰的位置和航向等。情况紧急时，这些信息还可以被直接送往美国本土的最高指挥机关。

⬆ E-3 预警机背上的雷达罩是 E-3 在外观上与其他飞机相比最特别的地方。

🐾 "超级望楼"

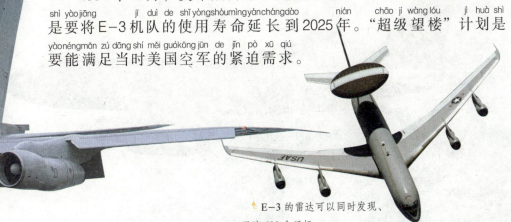

1994 年 10 月，美军展开了 "超级望楼" 计划，该计划的谜底是要将 E-3 机队的使用寿命延长到 2025 年。"超级望楼" 计划是要能满足当时美国空军的紧迫需求。

⬆ E-3 的雷达可以同时发现、跟踪 600 个目标。

121

KC-135空中加油机

KC-135 是为美国空军、海军、海军陆战队的各型战机进行空中加油的运输机，它是在 C-135 军用运输机的基础上改进而成的。该机于1956年8月首次试飞，代号为"平流层油船"。

首次试验

1923年，美国上空的两架飞机在编队飞行，忽然从上面一架飞机上垂下一根软管。下面那架飞机上的人捉住软管，把它接在自己飞机的油箱上。这就是航空史上第一次空中加油试验。

▼ KC-135空中加油机正在为F-16战斗机加油。

机箱庞大

KC-135加油机是波音公司在波音707原型机的基础上发展起来的，它所装的燃油可以给多种型号的战斗机加油，也可供自身的发动机使用。该加油机共有10个机身油箱。

小档案

1967年5月31日，一架KC-135同时为五架飞机提供了加油服务。

↓ KC-135

能力出众

KC-135加油机可以给各种性能不同的飞机加油，在加油时排除了让受油者降低高度及速度的麻烦，既提高了加油安全性，也提高了受油机的任务效率。

原型改进

▲ KC-135同时给两架飞机加油。

为延长服役期限，美国空军改装了300余架KC-135空中加油机，称为KC-135R空中加油机。改进后的KC-135有更强的收集、传递和发送信息能力，从而极大提高了战区加油的效率。

直升机

直 shēng jī shì yì zhǒng yī kào luó xuán jiǎng xuán zhuǎn chǎn shēng shēng lì hé lā lì ér fēi
升机是一种依靠螺旋桨旋转产生升力和拉力而飞
xíng de fēi xíng qì　àn jūn shì yòng tú huà fēn　kě yǐ fēn wéi yùn shū zhí shēng
行的飞行器。按军事用途划分，可以分为运输直升
jī hé wǔ zhuāng zhí shēng jī liǎng dà lèi
机和武装直升机两大类。

"鱼鹰"

yú yīng　de yàng zi fēi cháng qí tè　tā jí shuāng qíng gù dìng yì fēi jī de xù háng
CV-22 "鱼鹰" 的样子非常奇特，它集双擎固定翼飞机的续航
lǐ chéng dà hé zhí shēng jī cāo kòng líng huó　qǐ jiàng fāng biàn děng yōu diǎn yú yì shēn　yú yīng　de dàn
里程大和直升机操控灵活、起降方便等优点于一身。"鱼鹰" 的诞
shēng shì zhí shēng jī fā zhǎn shǐ shang de yí zuò lǐ chéng bēi
生是直升机发展史上的一座里程碑。

CV-22 "鱼鹰"

阿帕奇

ā pà qí zhàndòu zhí shēng jī shì měi guó lù jūn hángkōngbīng de zhǔ lì zhuāng bèi hàochēng
AH-64阿帕奇战斗直升机是美国陆军航空兵的主力装备，号称

dāng jīn shì jiè shang zuì xiān jìn de xiàn yì wǔ zhuāng zhí shēng jī tā shì měi guó dì èr dài zhuānyòng wǔ zhuāng
当今世界上最先进的现役武装直升机。它是美国第二代专用武装

zhí shēng jī yě shì měi guó zhuāng bèi
直升机，也是美国装备

de dì yī zhǒng jù yǒu quán tiān
的第一种具有全天

hòu zhòu yè zuò zhàn
候昼夜作战、

jiù shēng jí
救生及

shēngcúnnéng lì de
生存能力的

wǔ zhuāng zhí shēng jī
武装直升机。

◄ 阿帕奇战斗
直升机

小档案

直升机可以垂直升
降，也可以停留在半空
不动，或向后方飞行。

↑ 科曼奇直升机

科曼奇

kē màn qí shì měi jūn yán zhì de yòu yī xìngnéngyōu yì de wǔ zhuāng zhí shēng jī shì yòng gāo jì shù
科曼奇是美军研制的又一性能优异的武装直升机，是用高技术

dǎ zào de yòu yī kōngzhōng lì qì suī rán tā shàngwèi fú yì dàn què zǎo yǐ yángmíngtiān xià
打造的又一空中利器，虽然它尚未服役，但却早已扬名天下。

电子干扰机

<ruby>电<rt>diàn</rt></ruby><ruby>子<rt>zǐ</rt></ruby><ruby>干<rt>gān</rt></ruby><ruby>扰<rt>rǎo</rt></ruby><ruby>机<rt>jī</rt></ruby><ruby>是<rt>shì</rt></ruby><ruby>指<rt>zhǐ</rt></ruby><ruby>携<rt>xié</rt></ruby><ruby>带<rt>dài</rt></ruby><ruby>电<rt>diàn</rt></ruby><ruby>子<rt>zǐ</rt></ruby><ruby>干<rt>gān</rt></ruby><ruby>扰<rt>rǎo</rt></ruby><ruby>设<rt>shè</rt></ruby><ruby>备<rt>bèi</rt></ruby>，<ruby>对<rt>duì</rt></ruby><ruby>敌<rt>dí</rt></ruby><ruby>方<rt>fāng</rt></ruby><ruby>的<rt>de</rt></ruby><ruby>雷<rt>léi</rt></ruby><ruby>达<rt>dá</rt></ruby><ruby>和<rt>hé</rt></ruby><ruby>通<rt>tōng</rt></ruby><ruby>信<rt>xìn</rt></ruby><ruby>设<rt>shè</rt></ruby><ruby>备<rt>bèi</rt></ruby><ruby>进<rt>jìn</rt></ruby><ruby>行<rt>xíng</rt></ruby><ruby>干<rt>gān</rt></ruby><ruby>扰<rt>rǎo</rt></ruby><ruby>的<rt>de</rt></ruby><ruby>军<rt>jūn</rt></ruby><ruby>用<rt>yòng</rt></ruby><ruby>飞<rt>fēi</rt></ruby><ruby>机<rt>jī</rt></ruby>，<ruby>可<rt>kě</rt></ruby><ruby>分<rt>fēn</rt></ruby><ruby>为<rt>wéi</rt></ruby><ruby>电<rt>diàn</rt></ruby><ruby>子<rt>zǐ</rt></ruby><ruby>侦<rt>zhēn</rt></ruby><ruby>察<rt>chá</rt></ruby><ruby>飞<rt>fēi</rt></ruby><ruby>机<rt>jī</rt></ruby>、<ruby>电<rt>diàn</rt></ruby><ruby>子<rt>zǐ</rt></ruby><ruby>干<rt>gān</rt></ruby><ruby>扰<rt>rǎo</rt></ruby><ruby>飞<rt>fēi</rt></ruby><ruby>机<rt>jī</rt></ruby><ruby>和<rt>hé</rt></ruby><ruby>反<rt>fǎn</rt></ruby><ruby>雷<rt>léi</rt></ruby><ruby>达<rt>dá</rt></ruby><ruby>飞<rt>fēi</rt></ruby><ruby>机<rt>jī</rt></ruby>。

主要任务

<ruby>电<rt>diàn</rt></ruby><ruby>子<rt>zǐ</rt></ruby><ruby>干<rt>gān</rt></ruby><ruby>扰<rt>rǎo</rt></ruby><ruby>机<rt>jī</rt></ruby><ruby>的<rt>de</rt></ruby><ruby>主<rt>zhǔ</rt></ruby><ruby>要<rt>yào</rt></ruby><ruby>任<rt>rèn</rt></ruby><ruby>务<rt>wu</rt></ruby><ruby>是<rt>shì</rt></ruby><ruby>利<rt>lì</rt></ruby><ruby>用<rt>yòng</rt></ruby><ruby>飞<rt>fēi</rt></ruby><ruby>机<rt>jī</rt></ruby><ruby>上<rt>shang</rt></ruby><ruby>的<rt>de</rt></ruby><ruby>电<rt>diàn</rt></ruby><ruby>子<rt>zǐ</rt></ruby><ruby>干<rt>gān</rt></ruby><ruby>扰<rt>rǎo</rt></ruby><ruby>设<rt>shè</rt></ruby><ruby>备<rt>bèi</rt></ruby><ruby>施<rt>shī</rt></ruby><ruby>放<rt>fàng</rt></ruby><ruby>干<rt>gān</rt></ruby><ruby>扰<rt>rǎo</rt></ruby><ruby>信<rt>xìn</rt></ruby><ruby>号<rt>hào</rt></ruby>，<ruby>使<rt>shǐ</rt></ruby><ruby>敌<rt>dí</rt></ruby><ruby>人<rt>rén</rt></ruby><ruby>的<rt>de</rt></ruby><ruby>防<rt>fáng</rt></ruby><ruby>空<rt>kōng</rt></ruby><ruby>体<rt>tǐ</rt></ruby><ruby>系<rt>xì</rt></ruby><ruby>失<rt>shī</rt></ruby><ruby>效<rt>xiào</rt></ruby>，<ruby>掩<rt>yǎn</rt></ruby><ruby>护<rt>hù</rt></ruby><ruby>己<rt>jǐ</rt></ruby><ruby>方<rt>fāng</rt></ruby><ruby>的<rt>de</rt></ruby><ruby>攻<rt>gōng</rt></ruby><ruby>击<rt>jī</rt></ruby><ruby>飞<rt>fēi</rt></ruby><ruby>机<rt>jī</rt></ruby><ruby>顺<rt>shùn</rt></ruby><ruby>利<rt>lì</rt></ruby><ruby>完<rt>wán</rt></ruby><ruby>成<rt>chéng</rt></ruby><ruby>攻<rt>gōng</rt></ruby><ruby>击<rt>jī</rt></ruby><ruby>任<rt>rèn</rt></ruby><ruby>务<rt>wu</rt></ruby>。

EC-130电子干扰机

从航母上起飞的EA-6B

EA-6B 电子干扰机

麻醉师

diàn zǐ gān rǎo jī zài xiàn dài zhàn zhēng zhōng zhàn yǒu fēi cháng zhòng yào de dì wèi tā néng shǐ dí fāng
电子干扰机在现代战争中占有非常重要的地位，它能使敌方
de fáng kōng dǎo dàn fáng kōng gāo pào jí zhàn dòu jī mí shī fāng xiàng xiàng bèi má zuì shī dǎ le má yào yí yàng
的防空导弹、防空高炮及战斗机迷失方向，像被麻醉师打了麻药一样，
wú fǎ fā xiàn duì fāng de mù biāo
无法发现对方的目标。

EF-111

现役干扰机

mù qián zài jūn duì fú yì de xiǎo xíng diàn zǐ gān rǎo jī
目前在军队服役的小型电子干扰机
yǒu měi guó de é luó sī de sū
有美国的EF-111、EA-6B，俄罗斯的苏-24
gǎi dé guó de kuáng fēng děng zhè lèi gān rǎo jī
改，德国的"狂风"ECR等，这类干扰机
fēi xíng xìng néng hǎo kě yǐ yǔ zhàn dòu hōng zhà jī huò gōng jī
飞行性能好，可以与战斗轰炸机或攻击
jī tóng shí biān duì chū jī zuò suí duì gān rǎo
机同时编队出击，作随队干扰。

小档案

现代大型电子干
扰机的飞行速度高，干
扰功率强，多实施远距
离干扰。

坦克

坦克是具有强大直射火力、高度越野机动性和坚固防护力的履带式装甲战斗车辆。坦克是现代陆上作战的主要武器，有"陆战之王"的美称。

坦克的用途

坦克是地面作战的主要突击兵器和装甲兵的基本装备，主要用于与敌方坦克和其他装甲车辆作战，也可以压制、消灭反坦克武器，摧毁野战工事，歼灭敌人的有生力量。

↑ 世界上第一辆坦克——"小游民"

↑ 喷火坦克利用火焰喷射器喷射出的火焰去攻击对方的有生力量。

坦克的出现

坦克的研制是从第一次世界大战开始的，当时为了突破敌方由壕沟、铁丝网、机枪火力点等组成的防御阵地，迫切需要一种集火力、机动力和防护力为一体的新式武器。于是，英国于1915年开始研制坦克。

战斗力

huǒ lì　jī dòng lì hé fáng hù lì shì xiàn dài tǎn kè zhàndòu lì de sān dà yào sù　xiàn dài tǎn kè
火力、机动力和防护力是现代坦克战斗力的三大要素。现代坦克
yì bān cǎi yòngxiān jìn de jì suàn jī hóngwài wēi guāng yè shì rè chéngxiàngděngshè bèi duì mù
一般采用先进的计算机、红外、微光、夜视、热成像等设备，对目
biāo jìn xíngguānchá miáozhǔn hé shè jī
标进行观察、瞄准和射击。

"豹"II 坦克

主战坦克

xiàn zài shì jiè shang zuì xiān jìn de zhǔzhàn tǎn kè shì shì
现在世界上最先进的主战坦克是 20 世
jì nián dài yǐ hòu yán zhì de é luó sī de měi guó
纪 80 年代以后研制的俄罗斯的 T-80、美国
de dé guó de bào yīng guó de tiǎozhànzhě
的 M1A1、德国的"豹"II、英国的"挑战者"、
yǐ sè liè de méi kǎ wǎ hé rì běn de shì děng
以色列的梅卡瓦和日本的 90 式等。

T-80 坦克

小档案

英国人最早设计
坦克时，军方对外称
它是给战场上送水的
水柜。

"马克"I型坦克

"马克"I型坦克是人类历史上第一种投入实战的坦克，实际上它更像一只披上铠甲、装上武器的拖拉机。"马克"的出现，改变了血肉横飞的战争模式，将人类彻底带入了一个机械化战争的时代。

诞生背景

第一次世界大战期间，交战双方为突破由堑壕、铁丝网、机枪火力点组成的防御阵地，打破阵地战的僵局，迫切需要研制一种火力、机动、防护三者有机结合的新式武器。

↑"马克"I型坦克模型

外形特征

于1916年生产的"马克"I型坦克外廓呈菱形，车体两侧的履带架上有突出的炮座，两条履带从顶上绕过车体，车后伸出一对转向轮。

小档案

体积较小的"马克"坦克起初是被用做坦克兵团的训练坦克的。

两大种类

"马克"I型坦克的乘员为8人，该坦克有"雄性"和"雌性"两种类别。"雄性"坦克装有2门57毫米火炮和4挺机枪，而"雌性"坦克仅装有5挺机枪。

大受欢迎

"马克"I型坦克靠履带行走，由于它能驰骋疆场、越障跨壕、不怕枪弹、无所阻挡，很快就突破了德军防线，从此开辟了陆军机械化的新时代。

涂上了迷彩的"马克"I型坦克

FT-17轻型坦克

^{yī cì shì jiè dà zhàn qī jiān} ^{fǎ guó jì yīng guó zhī hòu} ^{xiān hòu yán zhì chū}
第一次世界大战期间，法国继英国之后，先后研制出
^{shī nà dé} ^{tū jī tǎn kè} ^{shèng shā méng} ^{tū jī tǎn kè} ^{léi nuò}
"施纳德"突击坦克、"圣沙蒙"突击坦克、"雷诺"
^{qīng xíng tǎn kè hé} ^{zhòng xíng tǎn kè} ^{qí zhōng} ^{zuì zhí dé yì tí de jiù}
FT-17轻型坦克和2C重型坦克。其中，最值得一提的就
^{shì} ^{léi nuò} ^{qīng xíng tǎn kè}
是"雷诺"FT-17轻型坦克。

合理设计

^{shì shì jiè shang dì yī zhǒng zhuāng yǒu kě} ^{dù xuán zhuǎn pào tǎ de tǎn kè} ^{cǐ wài}
FT-17是世界上第一种装有可360度旋转炮塔的坦克。此外，
^{gāi tǎn kè de dòng lì cāng hòu zhì} ^{chē tǐ qián hái shè yǒu}
该坦克的动力舱后置，车体前还设有
^{jià shǐ xí} ^{jīn tiān wǒ men suǒ kàn dào de}
驾驶席。今天我们所看到的
^{jué dà bù fen xiàn dài tǎn kè dōu}
绝大部分现代坦克都
^{yán yòng le zhè yī shè jì}
沿用了这一设计。

➤ FT-17轻型坦克

两大型号

事实上，"雷诺"FT-17
轻型坦克有两种型号，它
们分别是由法国制造的"雷
诺"FT-17轻型坦克（机枪
型）和由法国及波兰共同
制造的FT-17轻型坦克（37
炮型）。

FT-17轻型坦克侧面剖视图

材质问题

1925年至1927年间，波兰利用法国和自制
的零部件组装了20多辆FT-17。由于波兰
版的FT-17材质低劣不能用于实战，波兰
军队便用这种型号的坦克进行训练。

小档案

1917年，"雷诺"
FT-17轻型坦克的第
一辆样车问世。

深受喜爱

据说，希特勒对"雷诺"FT-17轻
型坦克情有独钟。他在看了陆军研
制的几种坦克做的表演
后，曾兴奋地大叫："这
正是我所要的！这正
是我所要的！"

"雷诺"FT-17
轻型坦克

"虎" 1 坦克

苏 德战争爆发后，德军很快便发现，自己现有的坦克不足以对付苏军开始大量装备的T-34中型坦克和KV-1重型坦克。于是，德国人开始研制第二代坦克，由此便产生了后来的虎式坦克。

正式研发

"虎" 1坦克的研制其实早在第二次世界大战爆发前就已开始了，但其真正研发还是在苏德战争爆发之后。1942年8月，德国开始正式生产由亨舍尔公司研制的"虎" 1重型坦克。

▲ 坚固的"虎" 1坦克

无所不摧

由于"虎" 1坦克安装有一门致命的88毫米L56重炮，因而它可以摧毁当时包括IS-2在内的一切坦克。

刀枪不入

"虎"1坦克的正面装甲虽然没有采用黑豹坦克的那种斜面装甲，但其厚达110毫米的正面装甲似乎更显得刀枪不入——绝大多数盟军坦克在正常作战距离内对它也无可奈何。

战场上的虎1坦克

传动方式

"虎"1坦克采用了电动力传动方式——先发动汽油机，再带动电动机，这样驾驶员就能够改变电动机的转速使坦克转向，就像开汽车一样。

小档案

"虎"1有良好的多面防护，这也使它的重量达到了56吨之多。

"虎"1坦克

T-34 坦克

T-34坦克是世界各国坦克发展中的经典模式，它为现代坦克的设计思想打下了基础。T-34 坦克具备出色的防弹外形、强大的火力和良好的机动能力，是二战期间总体设计最为优秀的坦克。

名师之手

T-34 坦克是苏联著名设计师科什金呕心沥血的杰作，它具备出色的防弹外形、强大的火力和良好的机动能力。此外，该坦克还拥有无与伦比的可靠性，易于大批量生产。

▼ T-34坦克的炮塔比较低矮，防弹外形比较出色。

🐾 有得有失

T-34坦克的炮塔低矮，从而减少了坦克被对手发现和被击中的几率，提高了生存能力。但这种造型的炮塔同样也限制了火炮和机枪的射击角度，使其无法近距离命中目标。

→ T-34坦克

🐾 "雪地之王"

T-34坦克具有超强的越野机动能力，这是苏军装甲部队大纵深攻击战术的硬件基础。在冰天雪地的战场，T-34可以在雪深一米的冰原上自由驰骋，被德军称为"雪地之王"。

小档案

在陈列支架台上停放了60多年的T-34，至今依然可以使用。

🐾 幸运化身

1943年的苏德战争中，苏军的第5近卫坦克军遭遇了德国党卫军第2装甲军。虽然T-34坦克在火力和装甲防御上要比德国的"虎"1和"豹"式弱，但最终苏军却赢得了胜利。

装甲车

装甲车是装有保护装甲的军用车辆的总称,是陆战士兵的好伙伴,是世界各国都在大力发展的重要军用装备。

装甲步兵战车

步兵战车是供步兵运动作战用的装甲战斗车辆,它主要用于协同坦克作战,也可独立执行战斗任务。世界著名的步兵战车有美国M2A3步兵战车、英国"武士"步兵战车、俄罗斯BMP-3步兵战车等。

▲ M2A3 步兵战车

俄罗斯 BRDM-2 型两栖装甲侦察车

装甲侦察车

zhuāng jiǎ zhēn chá chē shì yì zhǒng
装甲侦察车是一种
zhuāng yǒu zhēn chá yí qì hé zhēn chá shè
装有侦察仪器和侦察设
bèi de zhuāng jiǎ chē tā shì zhuāng jiǎ
备的装甲车，它是装甲
bù duì bù kě quē shǎo de zhàn dòu chē liàng
部队不可缺少的战斗车辆
zhī yī
之一。

小档案

装甲车和坦克最
大的不同是装甲车的
装甲一般只能防御轻
武器对它的攻击。

装甲输送车

zhuāng jiǎ shū sòng chē zhǔ yào yòng yú zhàn chǎng shang shū sòng bù
装甲输送车主要用于战场上输送步
bīng yě kě shū sòng wù zī bì yào shí hái kě yǐ yòng yú zhàn
兵，也可输送物资，必要时还可以用于战
dòu zhuāng jiǎ shū sòng chē fēn wéi lǚ dài shì hé lún shì liǎng zhǒng
斗。装甲输送车分为履带式和轮式两种。

装甲架桥车

zhuāng jiǎ jià qiáo chē shì zhuāng yǒu zhì shì chē zhé qiáo hé jià shè chè shōu jī gòu de zhuāng jiǎ chē liàng
装甲架桥车是装有制式车辙桥和架设、撤收机构的装甲车辆，
duō wéi lǚ dài shì tōng cháng yòng yú zài dí rén huǒ lì wēi xié xià kuài sù jià shè chē zhé qiáo bǎo zhàng tǎn
多为履带式，通常用于在敌人火力威胁下快速架设车辙桥，保障坦
kè hé qí tā chē liàng tōng guò fǎn tǎn kè háo gōu qú děng rén gōng huò tiān rán zhàng ài
克和其他车辆通过反坦克壕、沟渠等人工或天然障碍。

▶装甲架桥车

装甲扫雷车

装甲扫雷车是装有扫雷器的装甲车辆，用于在地雷场中为部队开辟道路。扫雷车的发展和装备受到各国的重视，早在20世纪70年代苏联就装备了扫雷车。

扫雷车分类

装甲扫雷车按照扫雷方式，可以分为机械扫雷车、爆破扫雷车和机械爆破联合扫雷车。在现代战争中，它们都是进行地雷战、实施机动和反机动的重要工程装备。

M48 扫雷车

扫雷坦克

sǎo léi tǎn kè shì zhǐ zhuāng yǒu sǎo léi zhuāng
扫雷坦克是指装有扫雷装
zhì shí shī sǎo léi zuò yè de tǎn kè zhǔ
置、实施扫雷作业的坦克，主
yào yòng yú zài dì léi chǎng kāi pì tōng dào
要用于在地雷场开辟通道。
sǎo léi tǎn kè de sǎo léi zhuāng zhì yǒu jī
扫雷坦克的扫雷装置有机
xiè sǎo léi qì hé huǒ jiàn bào pò sǎo léi qì
械扫雷器和火箭爆破扫雷器。

▲ 扫雷车

扫雷器

jī xiè sǎo léi qì fēn gǔn yā shì wā jué shì hé dǎ jī shì sān
机械扫雷器分滚压式、挖掘式和打击式三
zhōng huǒ jiàn bào pò sǎo léi qì shì lì yòng zhà yào bào zhà cuī huǐ dì
种。火箭爆破扫雷器是利用炸药爆炸摧毁地
léi yǔ jī xiè sǎo léi qì xiāng bǐ tā kāi pì tōng lù xùn sù fā
雷，与机械扫雷器相比，它开辟通路迅速、发
shè yǐn bì qīng chú jiào chè dǐ kāi pì tōng lù de kuān dù wéi
射隐蔽、清除较彻底，开辟通路的宽度为4～
mǐ cháng dù wéi mǐ
8米，长度为60～180米。

小档案

全宽式扫雷犁挂
装在主战坦克车首构
成了扫雷坦克，被用于
开辟全宽式通路。

▲ 装甲扫雷车

常规航母

航空母舰简称"航母""空母"，是一种以舰载机为主要作战武器的大型水面舰艇，能够提供军用飞机起飞和降落。航空母舰可以直接把敌人消灭在距离自身数千米之外的领域。

主要任务

航空母舰的主要任务是以其舰载机编队，夺取海战区的制空权和制海权。现代航空母舰及舰载机已成为高技术密集的军事系统工程。

▲ 航空母舰

混合之体

háng kōng mǔ jiàn de zhǔ yào wǔ qì zhuāng
航空母舰的主要武器装
bèi shì qí zhuāng zài de gè zhǒng jiàn zài jī
备是其装载的各种舰载机,
rú jiān jī jī hōng zhà jī yù jǐng jī hé
如歼击机、轰炸机、预警机和
diàn zǐ zhàn jī děng cǐ wài tā hái néng
电子战机等。此外,它还能
zhuāng bèi zì wèi wǔ qì rú huǒ pào wǔ qì
装备自卫武器,如火炮武器、
dǎo dàn wǔ qì děng
导弹武器等。

航空母舰上的舰载机

不同分类

háng kōng mǔ jiàn gēn jù rèn wu kě fēn wéi gōng jī háng kōng mǔ
航空母舰根据任务可分为攻击航空母
jiàn fǎn qián háng kōng mǔ jiàn hù háng háng kōng mǔ jiàn hé duō yòng tú
舰、反潜航空母舰、护航航空母舰和多用途
háng kōng mǔ jiàn gēn jù pái shuǐ liàng yòu kě fēn wéi chāo jí háng kōng
航空母舰。根据排水量又可分为:超级航空
mǔ jiàn dà xíng háng mǔ zhōng xíng háng mǔ hé xiǎo xíng háng mǔ
母舰、大型航母、中型航母和小型航母。

小档案

21世纪初,世界上所有的航空母舰大约可以装载1250架飞机。

首个航母

shì jiè shang dì yī sōu zhuān
世界上第一艘专
mén shè jì hé jiàn zào de háng kōng mǔ
门设计和建造的航空母
jiàn shì nián yuè fú yì
舰,是1922年12月服役
de rì běn hǎi jūn fèng xiáng hào
的日本海军"凤翔"号。
tā cǎi yòng le dǎo shì shàng céng jiàn
它采用了岛式上层建
zhù zhuāng shè le liǎng bù zhōng xiàn pèi
筑,装设了两部中线配
zhì de shēng jiàng jī chū jù xiàn dài
置的升降机,初具现代
háng kōng mǔ jiàn de tè diǎn
航空母舰的特点。

"凤翔"号

核动力航母

核动力航空母舰简称核航母，它是以核反应堆为动力装置的航母。有了它的帮忙，一个国家就能在远离其国土的地方对别国施加军事压力。目前，世界上只有美国海军发展了核航母。

"企业"号

1961年11月，世界上第一艘核动力航母"企业"号建成服役，该航母可以高速地驶往世界上任何一个海域。"企业"号核动力航母的问世，使航空母舰的发展进入了新纪元。

"企业"号航母

小档案

"尼米兹"级航母的甲板面积比3个足球场还大，舰体高70多米，是真正的"海上巨无霸"。

"尼米兹"级

"尼米兹"级航空母舰是美国海军的大型核动力航空母舰，共计建造了10艘。直到21世纪初期，"尼米兹"级航母一直是美国海上力量和全球战略的支柱。

→"尼米兹"级里根号航空母舰

功劳显著

美国的核航母是美国航母战斗群的核心，它集海军航空兵、水面舰艇和潜艇为一体，可以在远离军事基地的广阔海洋上实施全天候、大范围、高强度的连续作战。

→"尼米兹"级航空母舰的首舰——"尼米兹"号

"福特"级

目前，美国正在发展和建造"福特"级核动力航空母舰，它是在"尼米兹"级核动力航空母舰的基础上发展起来的。

战列舰

战列舰是一种装备多门舰炮，具有很强装甲防护能力的大型舰艇。19世纪以前，战列舰曾经是最大的海军舰艇。由于在海战中经常要排成单纵队的战列线进行炮战，所以人们称它为战列舰。

演变历史

战列舰的发展和演化是技术改进和战术需求相互影响的过程：技术的发展改变了战舰的装备，增强了战舰的性能；为了最大限度地利用技术进步的成果，海战的战术发生了变化；新的战术又在技术上提出新的需求。这样的过程不断循环，组成了战列舰的发展史。

战列舰

著名的战列舰

zhàn liè jiàn shì jiàn chuán shǐ shang zuì jù gāo guì qì zhì de zhàn jiàn
战列舰是舰船史上最具高贵气质的战舰，
zhù míng de zhàn liè jiàn yǒu měi guó de mì sū lǐ hào rì běn de
著名的战列舰有美国的"密苏里"号、日本的
dà hé hào dé guó de bǐ sī mài hào
"大和"号、德国的"俾斯麦"号。

小档案

战列舰最早是 17
世纪出现的。当时的战
列舰都是木质船体，利
用风帆作为动力。

↑ "衣阿华"级战列舰

退役的霸主

háng kōng mǔ jiàn de xùn sù fā zhǎn shǐ zhàn liè jiàn shī qù le chuán tǒng de
航空母舰的迅速发展使战列舰失去了传统的
hǎi shang bà zhǔ dì wèi suǒ yǐ èr cì dà zhàn yǐ hòu gè guó bú zài jiàn
海上霸主地位，所以二次大战以后，各国不再建
zào xīn de zhàn liè jiàn měi guó sōu zhàn liè jiàn suī rán duàn duàn xù
造新的战列舰，美国 4 艘战列舰虽然断断续
xù duō cì fú yì hé tuì yì dàn dào shì jì nián
续多次服役和退役，但到 20 世纪 90 年
dài zhī hòu yě quán bù tuì yì zhì cǐ
代之后，也全部退役。至此，
zhàn liè jiàn zhè ge jiàn zhǒng yǐ zhèng shì xiāo
战列舰这个舰种已正式消
wáng bú fù cún zài
亡，不复存在。

↑ 日本"大和"号战列舰

驱逐舰

现代海军舰艇中，用途最广泛、数量最多的舰艇是驱逐舰，这是一种装备有对空、对海、对潜等多种武器，具有多种作战能力的中型水面舰艇。

"海上多面手"

驱逐舰的排水量在2 000～8 500吨之间，航速为30～38节，能执行防空、反潜、反舰、对地攻击、护航、侦察、巡逻、警戒、布雷、火力支援以及攻击岸上目标等作战任务，有"海上多面手"的称号。

"斯普鲁恩斯"级驱逐舰

先驱

qū zhú jiàn shì bàn suí yú léi tǐng de chū xiàn ér fā zhǎn qǐ lái
驱逐舰是伴随鱼雷艇的出现而发展起来
de yí gè jiàn zhǒng　　shì jì　nián dài　chū xiàn le　yì zhǒng yǐ
的一个舰种。19世纪60年代，出现了一种以
yú léi wéi wǔ qì de yú léi tǐng　tā tǐng xiǎo　sù dù kuài　néng
鱼雷为武器的鱼雷艇，它艇小，速度快，能
gěi dí fāng dà xíng jiàn tǐng zàochéng jù dà wēi xié　wèi le duì fu yú
给敌方大型舰艇造成巨大威胁。为了对付鱼
léi tǐng　rén men jiàn zào le fǎn yú léi tǐng　　yú léi pào tǐng
雷艇，人们建造了反鱼雷艇——鱼雷炮艇，
tā shì qū zhú jiàn de qiánshēn
它是驱逐舰的前身。

小档案

到目前为止，全世
界大约有 30 个国家拥
有 400 艘驱逐舰。

↑ 美国的"阿利·伯克"级
导弹驱逐舰

舰队驱逐舰

qū zhú jiàn bù jǐn yǒu huǒ pàozhuāng zhì　hái yǒu yú léi wǔ qì　kě yòng lái duì fu dí fāng de yú
驱逐舰不仅有火炮装置，还有鱼雷武器，可用来对付敌方的鱼
léi tǐng hé qí tā jiàn tǐng　dì yī cì shì jiè dà zhàn shí　qū zhú jiàn yǐ néng suí jiàn duì yuǎnháng　suǒ yǐ
雷艇和其他舰艇。第一次世界大战时，驱逐舰已能随舰队远航，所以
nà shí de qū zhú jiàn yòuchēng　jiàn duì qū zhú jiàn
那时的驱逐舰又称"舰队驱逐舰"。

↑ 美国"现代"级驱逐舰

登陆艇

登 陆艇是用来协助大型两栖登陆舰艇，把物资和人员从大型舰艇无法靠岸的停泊点卸运到岸上的登陆工具。在著名的诺曼底登陆中，登陆艇起了重要作用。

气垫登陆艇

气垫登陆艇航行速度高，通过性好，并具有两栖性。它可以越过障碍，将人员、武器、物资直接送上岸，中间不需要换乘，而且也不会引爆各种水雷。

◁ 气垫登陆艇

不环保

气垫登陆艇的缺点是噪声太大和引起的尘土过多。虽然沿着侧裙装有泡沫抑制器，可以改善驾驶员的视野，不过在恶劣的气候环境下行动，仍然有相当大的问题。

▶登陆后的
野牛级登陆艇

小档案

俄罗斯 1232.2 型"欧洲野牛"级气垫登陆艇是世界上最大的气垫登陆艇。

掠海航行

1992 年 12 月，几艘庞然大物卷着浪花靠近了索马里海岸。当前面的大嘴张开后，一大群士兵和几辆装甲车立即占领了海滩。这是美国在索马里维和的一幕，而庞然大物就是 LCAC 气垫登陆艇。

▶登陆后的 LCAC 气垫登陆艇。

潜　艇

潜艇是指能潜入水下活动和作战的舰艇，它神出鬼没，隐蔽性能好，有较大的自给力、续航力和突击力。潜艇主要包括弹道导弹核潜艇、攻击型核潜艇和常规动力攻击型潜艇，是海军武器的重要组成部分。

潜艇之父

1620年，荷兰物理学家科尼利斯·德雷尔制造了一艘潜水船，它是人类历史上第一艘能够潜入水下并能在水下行进的"船"。德雷尔的潜水船被认为是潜艇的雏形，所以他也被称为"潜艇之父"。

早期的木壳潜艇"海龟"号

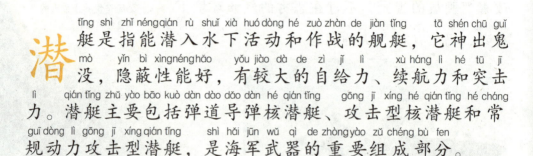

现代潜艇

潜艇的武器

qián tǐng yì bān xié dài de wǔ qì dōu shì shuǐ xià wǔ
潜艇一般携带的武器都是水下武
qì　bāo kuò shuǐ léi hé yú léi　yǒu shí yě kè yǐ zài
器，包括水雷和鱼雷，有时也可以在
shuǐ xià fā shè dǎo dàn
水下发射导弹。

小档案

在1776年的美国
独立战争中，潜艇第一
次登上了战争舞台。

↑ 潜艇发射鱼雷

上浮和下潜

qián tǐng de gōng zuò huán jìng shì shuǐ xià　shǐ qián
潜艇的工作环境是水下，使潜
tǐng xià qián yào wǎng yí　gè jiào shuǐ guì de róng qì zhōng
艇下潜要往一个叫水柜的容器中
zhù rù shuǐ　qián tǐng de zhòng liàng dà yú fú lì
注入水，潜艇的重量大于浮力，
qián tǐng jiù huì xià chén
潜艇就会下沉。

yào shǐ qián tǐng shàng fú　zhǐ yào yòng
要使潜艇上浮，只要用
gāo yā qì bǎ shuǐ guì lǐ de shuǐ pái chū qù
高压气把水柜里的水排出去，
ràng qián tǐng zài shuǐ xià de zhòng liàng jiǎn qīng
让潜艇在水下的重量减轻，
tā jiù huì fú chū shuǐ miàn
它就会浮出水面。

153

少年儿童成长百科

武器大全